中国建筑装饰协会设计委员会合作课题
中国建筑工业出版社共建学术平台

中央美术学院建筑学院
清华大学美术学院
天津美术学院设计艺术学院
苏州大学金螳螂建筑与城市环境学院
吉林艺术学院设计学院
山东师范大学美术学院
青岛理工大学艺术学院
内蒙古科技大学艺术与设计学院
山东建筑大学艺术学院
东北师范大学美术学院
广西艺术学院建筑艺术学院
沈阳建筑大学设计艺术学院
匈牙利佩奇大学

脚 踏 实 地

2014 中国建筑装饰协会卓越人才计划奖

暨第六届"四校四导师"环境设计本科毕业设计实验教学课题

主　编：王　铁
副主编：张　月
　　　　彭　军
　　　　王　琼
　　　　韩　军
　　　　谭大珂
　　　　段邦毅
　　　　陈华新
　　　　陈建国
　　　　巴林特
　　　　刘学文
　　　　王学思
　　　　冼　宁

U0202563

中国建筑工业出版社

图书在版编目（CIP）数据

脚踏实地：2014中国建筑装饰协会卓越人才计划奖暨第六届"四校四导师"环境设计本科毕业设计实验教学课题/王铁主编. —北京：中国建筑工业出版社，2014.9
ISBN 978-7-112-17287-0

Ⅰ.①脚… Ⅱ.①王… Ⅲ.①环境设计－毕业实践－高等学校 Ⅳ.① TU-856

中国版本图书馆CIP数据核字（2014）第217537号

责任编辑：唐 旭 杨 晓
责任校对：张 颖 姜小莲

脚踏实地

2014 中国建筑装饰协会卓越人才计划奖
暨第六届"四校四导师"环境设计本科毕业设计实验教学课题
主 编：王 铁
副主编：张 月 彭 军 王 琼 韩 军 谭大珂
段邦毅 陈华新 陈建国 巴林特 刘学文
王学思 冼 宁

*
中国建筑工业出版社出版、发行（北京西郊百万庄）
各地新华书店、建筑书店经销
北京嘉泰利德公司制版
廊坊市海涛印刷有限公司印刷
*
开本：880×1230 毫米 1/16 印张：16 字数：495 千字
2014 年 10 月第一版 2014 年 10 月第一次印刷
定价：**138.00** 元
ISBN 978-7-112-17287-0
（26072）

脚 踏 实 地

2014 中国建筑装饰协会卓越人才计划奖

暨第六届"四校四导师"环境设计本科毕业设计实验教学课题

主　编：

王　铁　　中央美术学院学术委员会委员、教授

副主编：

张　月　　清华大学美术学院环境艺术设计系主任、教授
彭　军　　天津美术学院设计艺术学院副院长、教授
王　琼　　苏州大学金螳螂建筑与城市环境学院副院长、教授
韩　军　　内蒙古科技大学副教授
谭大珂　　青岛理工大学教授
段邦毅　　山东师范大学教授
陈华新　　山东建筑大学教授
陈建国　　广西艺术学院副教授
巴林特　　匈牙利佩奇大学 PTE 学院博士
刘学文　　东北师范大学副教授
王学思　　吉林艺术学院教授
冼　宁　　沈阳建筑大学教授

编　委：

齐伟民　　吉林建筑大学教授
吕勤志　　浙江工业大学教授
曹莉梅　　黑龙江省建筑职业技术学院副教授
吴　晞　　北京清尚建筑装饰设计研究院院长
李臣伟　　北京港源建筑装饰设计研究院院长
肖　平　　深圳广田建筑装饰设计研究院院长
石　赟　　苏州金螳螂装饰股份有限公司设计研究总院副院长
侯晓蕾　　中央美术学院副教授
李　飒　　清华大学美术学院副教授
高　颖　　天津美术学院副教授
李荣智　　山东师范大学
张　琦　　苏州大学副教授
王云童　　青岛理工大学副教授
阚盛达　　东北师范大学
刘　岩　　吉林艺术学院副教授
莫敷建　　广西艺术学院副教授
孙　迟　　沈阳建筑大学教授
薛　娟　　山东建筑大学副教授
任庆国　　内蒙古科技大学
阿卡仕　　匈牙利佩奇大学 PTE 学院建筑系主任
高　比　　匈牙利佩奇大学 PTE 学院外事主任
金　鑫　　匈牙利佩奇大学 PTE 学院博士（在读）

目　录

2014 中国建筑装饰协会卓越人才计划奖

暨第六届"四校四导师"环境设计本科毕业设计实验教学课题

参与单位及个人

课题学校：

中央美术学院建筑学院

清华大学美术学院

天津美术学院设计艺术学院

苏州大学金螳螂建筑与城市环境学院

吉林艺术学院设计学院

山东师范大学美术学院

青岛理工大学艺术学院

内蒙古科技大学艺术与设计学院

山东建筑大学艺术学院

东北师范大学美术学院

广西艺术学院建筑艺术学院

沈阳建筑大学设计艺术学院

外籍合作交流院校：

匈牙利佩奇市 PECS 大学 PTE 学院

实践企业：

苏州金螳螂装饰设计研究院

北京港源装饰设计研究院

特邀顾问：

彭一刚　　　天津大学、中国科学院院士、教授

刘 原　　　中国建筑装饰协会设计委员会秘书长

杨 锐　　　高等院校风景园林学科专业指导委员会主任、教授

顾问委员会：

谭 平　　　中央美术学院副院长、教授

郑曙旸　　　清华大学美术学院教授

于世宏　　　天津美术学院副院长、教授

刘益春　　　东北师范大学校长、教授

吴永发　　　苏州大学金螳螂建筑与城市环境学院院长、教授

赵铁军　　　青岛理工大学副校长、教授

李保卫　　　内蒙古科技大学校长、教授

赵彦修　　　山东师范大学校长、教授

韩 锋　　　山东建筑大学副校长、教授

李绍忠　　　广西艺术学院副院长、教授

郭春方　　　吉林艺术学院副院长、教授

赵庆祥　　　中华室内设计师协会、秘书长

课题主题：环境设计

课题督导组长：
吕品晶　　中央美术学院建筑学院院长、教授

课题督导副组长：
吴　晞　　北京清尚环艺建筑设计院院长、教授
刘　原　　中国建筑装饰协会设计委员会秘书长

课题督导组媒体支持：
米姝玮　　《家饰》杂志主编

教务管理：
王晓琳　　中央美术学院教务处处长
董素学　　清华大学美术学院教务处主任
喻建十　　天津美术学院教务处处长
唐忠明　　苏州大学金螳螂建筑与城市环境学院教务处处长
王在泉　　青岛理工大学艺术学院教务处处长
赵　团　　内蒙古科技大学教务处处长
安利国　　山东师范大学教务处处长
饶从满　　东北师范大学教务处处长
郑　艺　　吉林艺术学院教务处处长
段培永　　山东建筑大学教务处处长
王宝金　　沈阳建筑大学教务处处长
唐　旭　　中国建筑工业出版社艺术设计图书中心副主任

名企支持：
北京清尚环艺建筑设计院
青岛德才装饰设计研究院
中国建筑装饰协会设计委员会
中华室内设计网 A963

媒体支持：
《中国建筑装饰装修》杂志、《家饰》杂志、深圳都市频道《第一现场》、《深圳商报》、《深圳特区报》、《晶报》、《南方都市报》、搜狐网《南方日报》、搜狐焦点网、新浪网等媒体对此活动进行报道；
中华室内设计网，进行全程跟踪报道。

学术委员会主任：
王　铁　　中央美术学院学术委员会委员、教授

学术委员会副主任：
张　月　　清华大学美术学院环境艺术设计系主任、教授
彭　军　　天津美术学院设计艺术学院副院长、教授
王　琼　　苏州大学金螳螂建筑与城市环境学院副院长、教授

学术委员会室内设计组：
段邦毅　　山东师范大学教授
齐伟民　　吉林建筑大学教授
刘学文　　东北师范大学副教授
韩　军　　内蒙古科技大学副教授

学术委员会景观设计组：

谭大珂　　青岛理工大学教授
陈华新　　山东建筑大学教授
冼　宁　　沈阳建筑大学教授
陈建国　　广西艺术学院副教授

学术委员会陈设艺术组：

吕勤志　　浙江工业大学教授
王学思　　吉林艺术学院教授
曹莉梅　　黑龙江省建筑职业技术学院副教授

学术委员会实践导师组：

吴　晞　　北京清尚建筑装饰设计研究院院长
李臣伟　　北京港源建筑装饰设计研究院院长
肖　平　　深圳广田建筑装饰设计研究院院长
石　赟　　苏州金螳螂装饰股份有限公司设计研究总院副院长

课题各院校毕业生名单：

中央美术学院建筑学院：

王维真、蔡衍、赵澍、赵楠、张正琨、沈家亦

清华大学美术学院：

晁颢毓、胡立琴、罗少红、刁斯琪、陈思多、阮氏垂玲

天津美术学院设计艺术学院：

林洋昕、马骁、庄杰翰、裴元、苏雯、步莹莹

苏州大学金螳螂建筑与城市环境学院

王志飞、徐凯旋、周逸冰、王静思、董雪梅、陈凯丽

东北师范大学美术学院：

袁向阳、梁爽、郭靖、那航硕

山东师范大学美术学院：

许放、孟翔、林冠旭、王勇

青岛理工大学艺术学院：

宋宏宇、王璐璐、姜卉、赵燕飞

内蒙古科技大学艺术与设计学院：

吕小伟、郝静、董丹丹、龚立群

吉林艺术学院：

王一雯、赵丽、仵燕、焦心怡

山东建筑大学：

杜康、李学彪、金友鹏、徐哲琛

沈阳建筑大学：

郑成龙、张弘、彭会会、华峥

广西艺术学院：

张伟、黄清清、王雪菁、周子森

匈牙利佩奇大学：

Alexandra Peto、Balazs Kokas、Barnabas Kozak、Peter Zilahi

2014 中国建筑装饰协会卓越人才计划奖

暨第六届"四校四导师"环境设计本科毕业设计实验教学课题

活动安排

一、课题现状

2014 年"四校四导师环境设计本科毕业设计实验教学课题"迎来第六届，在名校、名企、名师共同努力下，课题成功地走过了 5 个年头，这是一种值得为之而付出的探索模式。是高校设计教育与知名企业建立资源共享理念的成功尝试，是中国高等教育设计教育中的创新模式，是实验教学在新形势下的又一次挑战，是知名企业与名校与学生的互动。5 年来共有 12 所院校参加实验教学课题平台，共计培养出 230 名本科毕业生，先后投入有近 30 名教授参加了课题组，得到了关心设计教育的行业协会和相关用人企业的好评。课题从多角度丰富了华夏设计教育国库，成为有价值的可鉴案例，鼓舞了名校、名企、名师和学生的信心，相信今后实验教学课题将成为中国高等教育教与学在资源与实践层面上的可行性探索模式。

二、课题由来与发展

实验教学课题起源于 2008 年底，中央美术学院王铁教授、清华大学美术学院张月教授并邀请天津美术学院彭军教授，共同创立 3+1 名校教授实验教学模式。经过 5 年来课题的实验教学，证明"四校四导师"教学理念打破院校间壁垒，是成功的尝试，达到了教授治学理念的预想成果。"四校四导师环境设计本科毕业设计实验教学课题"坚持中国高等院校提倡的实验教学方针、贯彻落实教育部培养卓越人才的落地计划、改变过去单一知识型的教学模式，是迈向知识与实践并存型人才培养战略的第一步；是集中高等院校设计学科带头人、名师、知名设计企业高管，选择国内优秀大学搭建课题组，共同探讨无障碍教学模式的实验平台，目的是为适应新形势下中国设计教育，建立校企合作共赢平台，培养大批高质量合格人才。

为进一步完善实验教学的可操作性，课题组决定 2014 年开始以 4+4+4 模式确定今后 5 年发展原则，提出 4 所核心院校、4 所知名基础院校、4 所知名支撑院校，邀请 2 至 4 家知名企业，共同完成一次开题答辩、2 次中期答辩、终期答辩及颁奖仪式，实验教学课题共计 107 天，实验教学集中答辩，分别在 4 所院校进行 4 次，完成教学活动。

三、课题实施结构

1. 课题框架

名校、名企、名人合作模式。选择国内知名大学搭建课题组，邀请知名建筑设计、室内设计、景观设计学科带头人、知名设计企业中的学者参加探索"四校四导师"实验教学课题研究。选择各校学科带头人名下的本科应届优秀学生，根据不同类型课题项目和要求，分四个阶段进行课题编组，在计划的教学时间内完成本科毕业生实践教学课题。

特点之一，友情邀请社会有影响力的知名企业和设计师共同组成实践导师教学板块，提倡由社会实践导师出题、课题责任教授协调的教学理念方法，学生在全体导师组共同指导下独立完成毕业设计作品。

特点之二，鼓励参加课题院校学生共同选题，跨校自由组合，建立无界限交叉指导本科毕业生完成设计作品。探索从知识型人才入手，紧密与社会实践相结合的多维教学模式，打造三位一体的导师团队，即责任导师、名企导师、青年教师的实验教学指导团队。

2. 可操作性

在不影响各个院校正常教学工作的前提下，每一次"四校四导师"汇报答辩时间都选择在周五开始至周日结束。"四校四导师环境设计本科毕业设计实验教学课题"，在 2012 年科学有效地完成了《本科教学工程"国家级大学生创新创业训练计划"》，项目获得了国家优秀奖。5 年来的努力使"四校四导师环境设计本科毕业设计实验教学课题"已成为业界品牌，大量文字资料和优秀设计作品已由中国建筑工业出版社出版发行，为中国高等院校实验教学提供了有价值的可鉴案例。

四、开题概念汇报

1. 2014 年 3 月 14 日（周五）全体课题组成员入住北京清尚环艺建筑设计院附近的龙泉湖酒店。

2. 2014 年 3 月 15 日（周六）上午 7：55 在北京清尚环艺建筑设计院学术报告厅举行活动新闻发布会。

主持人：天津美术学院设计艺术学院彭军教授。

3. 2014 年 3 月 15 日（周六）上午 9：00 在北京清尚环艺建筑设计院学术报告厅举行活动开题报告会。

主持人：清华大学美术学院张月教授（上午）、青岛理工大学艺术学院王云童副教授（下午）。

注：学生每人 7 分钟介绍，导师点评 3 分钟。

4. 2014 年 3 月 16 日（周日）上午 8：30 在北京清尚环艺建筑设计院学术报告厅举行实践导师交流会。

主持人：山东师范大学美术学院段邦毅教授（企业介绍环节）、内蒙古科技大学艺术与设计学院韩军副教授（师生对话环节）。

五、中期答辩活动

第一阶段（广西南宁站中期汇报）：

1. 2014 年 4 月 4 日（周五）全体课题组成员入住广西艺术学院附近的艾美酒店。

2. 2014 年 4 月 5 日（周六）上午 8：00 在广西艺术学院南校区音乐厅举行中期汇报活动。

主持人：广西艺术学院建筑艺术学院莫敷建老师。

注：学生每人 7 分钟介绍，导师 3 分钟点评。

3. 2014 年 4 月 6 日（周日）上午 8：00 在广西艺术学院南校区音乐厅举行实践导师交流会。

主持人：广西艺术学院建筑艺术学院陈建国副教授（企业介绍环节）、中央美术学院建筑学院王铁教授（师生对话环节）。

第二阶段（内蒙古包头站中期汇报）：

1. 2014 年 4 月 25 日（周五）全体课题组成员入住内蒙古科技大学附近的锦江之星酒店。

2. 2014 年 4 月 26 日（周六）上午 8：00 在内蒙古科技大学逸夫楼 F302 报告厅举行中期汇报活动。

主持人：内蒙古科技大学艺术与设计学院韩军副教授。

注：学生每人 7 分钟介绍，导师 3 分钟点评。

3. 2014 年 4 月 27 日（周日）上午 8：00 在内蒙古科技大学逸夫楼 F302 报告厅举行实践导师交流会。

主持人：内蒙古科技大学艺术与设计学院韩军副教授。

六、终期汇报及评奖活动

1. 2014 年 5 月 23（周五）全体课题组成员入住中央美术学院附近的如家酒店和开运宾馆。

2. 2014 年 5 月 24（周六）上午 8：00 在中央美术学院 5 号楼 A107 举行终期汇报活动。

主持人：中央美术学院建筑学院侯晓蕾副教授。

注：答辩学生每人 8 分钟介绍，导师打分。

3. 2014 年 5 月 25（周日）上午 8：00 在中央美术学院 5 号楼 A107 举行实践导师交流活动及现场招聘会。

主持人：中央美术学院建筑学院侯晓蕾副教授。

4. 2014 年 5 月 26（周一）上午 8：00 在中央美术学院美术馆学术报告厅举行颁奖仪式。

主持人：中央美术学院建筑学院王铁教授。

2014 中国建筑装饰协会卓越人才计划奖

暨第六届"四校四导师"环境设计本科毕业设计实验教学课题

责任导师组

责任导师组组长

中央美术学院建筑学院
王铁教授

责任导师组副组长

清华大学美术学院
张月教授

天津美术学院
彭军教授

苏州大学
王琼教授

东北师范大学
刘学文副教授

匈牙利佩奇大学 PTE
学院　巴林特博士

青岛理工大学
谭大珂教授

山东师范大学
段邦毅教授

吉林艺术学院
王学思教授

广西艺术学院
陈建国副教授

山东建筑大学
陈华新教授

沈阳建筑大学
冼宁教授

内蒙古科技大学
韩军副教授

2014 中国建筑装饰协会卓越人才计划奖

暨第六届"四校四导师"环境设计本科毕业设计实验教学课题

指导教师组

指导教师组组长

中央美术学院侯晓蕾副
教授

指导教师组副组长

清华大学美术学院
李飒副教授

天津美术学院
高颖副教授

山东师范大学
李荣智副教授

苏州大学
张琦副教授

青岛理工大学
王云童副教授

东北师范大学
阚盛达

吉林艺术学院
刘岩副教授

广西艺术学院
莫敷建副教授

沈阳建筑大学
孙迟教授

山东建筑大学
薛娟副教授

内蒙古科技大学
任庆国

2014 中国建筑装饰协会卓越人才计划奖

暨第六届"四校四导师"环境设计本科毕业设计实验教学课题

实践导师组

吴晞

刘原

石赟

李臣伟

肖平

曹莉梅

朱宪华

外籍合作院校导师组

匈牙利佩奇大学
PTE 学院
建筑系主任阿卡仕

匈牙利佩奇大学 PTE
学院外事主任　高比

匈牙利佩奇大学 PTE
学院金鑫博士（在读）

2014 中国建筑装饰协会卓越人才计划奖

暨第六届"四校四导师"环境设计本科毕业设计实验教学课题

参与课题全体学生

庄杰翰	蔡衍	苏雯	焦心怡	郭靖	赵楠
裴元	马骥	王维真	步莹莹	周子森	晁颢毓
罗少红	王雪菁	林洋昕	陈思多	徐哲琛	刁斯琪
张正琨	仵燕	黄清清	张伟	赵丽	Balazs Kokas
郑成龙	张弘	华峥	王一雯	Alexandra Peto	孟翔

阮氏垂玲	赵燕飞	郝 静	王 勇	彭会会	徐凯旋
金友鹏	沈家亦	赵 樹	许 放	王静思	袁向阳
吕小伟	董雪梅	龚立群	梁 爽	宋宏宇	董丹丹
Barnabas Kozak	胡立琴	Peter Zilahi	那航硕	陈凯丽	林冠旭
杜 康	周逸冰	姜 卉	李学彪	王璐璐	王志飞

脚踏实地

脚只有踏在恰当的位置上，才能稳健行走。甲午之年因为有中外知名院校和知名企业的加入实验教学，才体现出教学研究的特有价值，其丰富的内容和旺盛的生命力得到了国内知名院校的一致肯定。为此，中国建筑装饰卓越人才计划奖暨"四校四导师"环境设计本科毕业设计实验教学课题，就是高等教育中设计学科的实地，需要全体课题导师与学生们的脚踏。

95天的中国建筑装饰卓越人才计划奖暨"四校四导师"环境设计本科毕业设计实验教学颁奖典礼盛况在中央美术学院美术馆报告厅刚刚结束，傍晚师生们迎来甲午年3个月以来最轻松奔放的庆功晚宴，从场面上感动与放松的风景之中感受到格外的踏实。

回忆2014年2月20日至5月26日难忘的日夜里，师生们为了共同的目标而努力，攻破一个又一个困难，完成了四次跨越三地四校的课题答辩，成绩之中更显实践导师们的价值，他们辛勤努力为课题添加了动力，那些可歌可泣的场面让人感动。本届的亮点是邀请到外籍合作交流院校匈牙利佩奇市PECS大学PTE学院的院长和副院长，带领4名学生加入了课题，全体同仁得到的不仅仅是眼前取得的成绩，反映到脸上的都是智慧和自信，在正确的选择和取得的学术价值里，体现在与学生相处的日子里留下难以忘却的回忆，互动的场面如同歌词上的音符，谱写出感动中国设计教育的实验颂歌，这就是中国建筑装饰卓越人才计划奖暨2014"四校四导师"环境设计本科毕业设计实验教学课题。

6载的春夏秋冬，对于一位孩童来讲只是完成从出生到幼儿园的学前教育，接踵而来的将是迎接踏入小学教育、初中教育、高中教育、大学教育、研究生教育，实验教学从此开启了人生学制教育道路的大门。中国建筑装饰卓越人才计划奖暨"四校四导师"环境设计本科毕业设计实验教学课题经过六届的努力，培养出300多名优秀本科生走上了工作岗位，得到了参加院校、用人企业和社会相关行业媒体的认可。回顾实验教学课题取得的优异成绩，作为实验教学探索的角度是非常圆满地结束了幼儿教育第一阶段，下一段将是进入小学的大门，这就是中国建筑装饰卓越人才计划奖暨"四校四导师"环境设计本科毕业设计实验教学课题继续向前行走的原因。

集中国内优秀高等院校环境设计专业的优秀教授和知名设计企业的设计总监，融入优势学术团队力量，先后有24名教授、6名知名设计总监，投入近50多万元课题经费，带领12所国内知名院校56名本科毕业生，完成了"中国建筑装饰卓越人才计划奖"，这是中国环境设计本科毕业设计实验教学投入高、阵容最大的课题。这离不开最初共同创立的实验教学的基础框架，离不开建立可持续人才战略链条下的培养人才模式这一高等院校的目标，课题组在相关政策和精神的鼓舞下，正有条不紊地实施科学探索培养卓越人才可行性稳步计划。课题始终坚持脚踏实地的探索原则，坚持导师与学生互动，坚持立体思考和最优的方案选择，这是教与学的社会价值，更是导师组的底线，只因为不懈的坚持，才做到在过去的6年的时间里没有辜负时代赋予教师的使命。

简要回顾课题，2008年底与国内重点高等院校环境设计学科带头人，由中国建筑装饰协会牵头，共同创立名校名企实验平台，设立中国建筑装饰卓越人才计划奖。特别是今年匈牙利佩奇市PECS大学PTE学院的加入，更加丰富了探索实验性，同时也为全面开展中国建筑装饰卓越人才计划奖暨"四校四导师"环境设计本科毕业设计实验教学课题的实施计划添加了新的动力源。目前活动已成为全国建筑装饰行业协会的年度例行规划学术计划，得到了国内外设计机构、企业和研究机构、行业同仁的认可和高度信任，为促进设计教育与行业可持续发展发挥了桥梁的作用，同时验证了行业协会牵头、名校与名企合作的可行性。6年来的不断探索和实践打破了院校间的壁垒，发挥了学术创新作用，培养出300多名优秀毕业生，为企业输送了合格的专业设计人才，中央美术学院党委书记高洪在颁奖典礼上的讲话，充分肯定了实验教学的意义，强调架起院校与企业间的理性合作与互动交流价值，中国建筑装饰协会刘原秘书长说，课题达到了中国建筑装饰协会设立该学术课题的目的。

在各方面的肯定与管理下，总结实验教学课题，评估过去的第一个6年教学成果，建立可操作系统下的长期健康发展战略，制定中国建筑装饰协会实践教学课题组今后6年发展原则和计划，提出2015年至2019年第二个发展规划，推动中国建筑装饰卓越人才计划奖暨"四校四导师"环境设计本科毕业设计实验教学课题向深度发展，向更具价值性和可行的实践道路上健康迈进，共同探讨实践教学理念下的课题合作，打造校企合作共赢平台，为企业输送更多的合格青年设计师，培养知识与实践并存型人才。最终建立高质量合格人才库，确保中国建筑装饰设计业长期兴旺有序发展。

连续6届的教学成果均由中国建筑工业出版社出版发行，书名分别是：2009年7月《四校四导师》、2010年7月

《打破壁垒》、2011年7月《无限疆域》、2012年8月《自由翱翔》、2013年8月《共享成果》、2013年8月《对位思考》、2013年8月《互动交流》、2014年8月《脚踏实地》，教学成果记录及教学感言近500万字。

教育只有改革才能跟上时代的步伐，面对发展中的国情，全体导师必须清醒地认识到机会比什么都重要，国家第十二个五年计划重点是发展服务业和文化产业，环境设计专业是服务业当中不可缺少的重要组成部分，实验课题必须抓住时机，跟上步伐，勇于探索实践。

以下是6届"四校四导师"实验教学的体会：

1. 中国高等教育的设计教育已纳入可控下的探索时代，利用国内知名院校的实力带动同类院校和地区的进步是设计教育生态化的价值，然而，良性的探索运行也需要成本来维护。有序、理性、开放、包容必须建立在国情的基础上，对课题组教师的结构必须合理调整，过高过快就会产生问题，也会给设计教育探索在中长期发展带来深远的隐形伤害。

2. 实验教学不能过急，要稳中求胜。校企导师间的互动与教学方法还需要深入研究，下一段的重点要做到坚持实验教学的基本原则"引导式教学"模式，针对实际情况努力准确做到教育良性化成长。高质量实验教学需要一个强大导师团队合理配置。注重集体意识下的科学健康理念，同时最大限度地发挥个人才智是今后的重点。

3. 教育学生必须掌握建造技术和基础知识，把生态原则根植于头脑中。强调设计是为了使用，因此创造新价值非常重要，强调导师要根据学生的个人特点，因人施教，启发学生在设计构思前，将所有信息进行梳理，培养科学的工作方法。

4. 讲述优秀案例设计理念是表述设计方案最为重要的环节，为此，演讲能力对每一位学生都是非常重要的，练习综合表达是互动的前提，优秀创意也需要科学的程序，任何一个概念的产生都需要强大的知识作为基础，逻辑概念最重要，它比正确表达更重要。

5. 大多数学生是有较好的综合能力的，但同时也反映出一些院校教师和学生的不足，设计作品整体水平较高，但有特色的学生太少，相比之下，一些有欠缺的同学却也有值得赞扬的闪烁点，因为他们努力了，所以今后导师因材施教是教书育人的重任之道。

6. 设计教育强调培养综合能力较强的人才，建构全面良性的专业基础是设计教育的研究课题，强调培养具有综合的审美能力、良好的理论体系是今后的目标。

导师在职业道德的面前，感动的是学子努力和他们的成绩，确信国家最有希望的发展是建立永不停止的优秀教育，深知教师的使命感。希望看到教者更努力，学者更用心，6年的成果验证了发展教育就是硬道理，教育的高质量是教师们的期待，明天才会更加美好。

"四校四导师"实验教学成果显示出，设计无界限是广义的、无障碍的无限疆域，它可以多角度地放飞探索设计实验教育，在"中国梦"的框架下发展设计服务产业，丰富设计教育理论，寻找具有强大而科学的广义支撑平台，指导设计教育改革、拓宽设计实践，形成多角度下的宽视野探索环境。

研究在美术院校教育背景下的生源，合理配备教师结构，全面引导学生如何掌握建筑设计基础知识、景观设计基础知识、室内设计基础知识，培养具有综合协调各个专业之间的能力，确定自己喜欢的选择和专业方向。为在分析问题、解决问题的时候奠定基础，凸显更加立体全面的知识结构。为此学习是需要分段完善计划的，研究实践证明，在不同阶段掌握专业知识量的大与小是可控的。引导学生发挥大胆的想象力，终身保持不能停止的思考与创新信念，全面地利用美术院校所具有的平台特点，掌握专业方向的主次关系和学习方法，建立主线为主、两翼为辅的健康学习之路。理智规划走向美好设计人生，用阳光心理迎接未来设计工作。建立艺术与技术的学理化体系是美术院校背景学生的设计人生，完善自我、丰富自我、修正自我，相信培养时代所需要的立体人才是师生与社会互动的价值。

"四校四导师"实验教学成果，再次显示出可行性设计实验教育方法，脱离不开合理化模型框架，离不开广义设计环境教学基础，离不开物质建构体的秀美外形和建造技术，更忽视不掉相关专业的法规，这就是探索设计教育的无界限的原因，更是课题组导师今后的追求。

建立有中国特色的设计教育和设计产业链，课题将更加丰富广义空间设计领域的无界限观念，即建立可控条件下"超域多元化设计教育体系"，提升中国环境设计教育无界限的可操作培养新系统，即"四校四导师"环境设计本科毕业设计实验教学课题。对接"教与学"的价值理论，在"学校与社会与企业"的关系领域中脚踏实地不断探索培养更多的人才。

在本书即将出版之际，在"四校"课题作品即将发行之际，向对此次课题作出贡献的单位和个人，特别是《家饰》米姝玮主编的支持表示尊重和感谢，感谢6年来参加课题的院校和领导的支持，感谢课题顾问中央美术学院副院长谭平教授，感谢课题组全体导师不懈的努力工作，感谢全体参加课题的同学，祝大家工作顺利、身体健康。

王铁 教授
中央美术学院
2014年8月甲午仲夏于北京方恒国际中心

培养高校学生设计实践能力
促进装饰设计人才队伍建设

首先向各知名院校教授、知名企业设计总监、各位同仁致以深深敬意！

勤劳国人的辉煌感动着世界，民族的伟大复兴离不开千百年来华夏文明始终坚持的信念——"教育作为首"。能够和大家相聚一堂，共享中国建筑装饰卓越人才计划奖暨"四校四导师"环境设计本科毕业设计实践教学课题项目的开题仪式，我由衷的高兴。我谨代表中国建筑装饰协会对各位的到来表示欢迎，并对北京清尚建筑装饰工程有限公司、金螳螂建筑装饰设计院、北京港源建筑装饰设计院、深圳广田建筑装饰设计研究院给予此次课题的大力支持表示衷心的感谢！

近20年来，中国建筑装饰行业取得了飞速的发展，年均增长率超过20%。据统计，2012年全行业产值达到了26000亿元，而未来3到5年，装饰产业市场增量每年大概16000亿元到20000亿元左右；存量市场大概有10000亿元到12000亿元，如此庞大的产业对人才的渴求可想而知。而设计作为装饰行业的灵魂，是关系中国建筑装饰行业未来发展的命脉，其人才的培育就显得尤为重要。

近年来，中国建筑装饰协会在推动装饰设计行业发展和设计人才培养方面作了很大努力，举办活动，加强设计师之间的交流与合作；设立奖项，推介优秀设计作品；进行职业培训，加强设计师的职业素养等。这些工作取得了一些成绩，但远远不能满足行业发展对设计人才的需求。

高校学子作为社会未来发展的中坚力量，只有加强对他们的培养，才是推动装饰设计行业未来发展的有效途径。

为推动高校人才培养和企业人才需求的紧密结合，改善中国高校环境设计教育现状，打破高校闭门造车的桎梏，为企业输送切实可用的人才，实现中国建筑装饰行业的可持续发展，自2008年底由中国建筑装饰协会牵头，国内重点高等院校环境设计学科共同创立名校名企实验平台，开展中国建筑装饰卓越人才计划奖暨"四校四导师"环境设计本科毕业设计实验教学课题，选择行业内优秀企业、设计机构和设计师对高校学子进行有针对性的培养。目前，该活动已经走过了第一个5年，成为全国建筑装饰行业设计界的年度例行活动，得到了国内外广大设计机构、企业等各行业同仁的广泛认可和高度信任，为促进设计行业可持续发展发挥了桥梁作用。

截至2013年，我们的实验教学取得了丰硕的成果，大量文字资料和优秀设计作品结集出版向社会公开发行，在推动校企合作、提高高等院校室内建筑设计、景观设计、陈设艺术教育水平的同时，也为全行业设计人才培养提供了可借鉴的成功经验。

2014年，我们再次出发，在总结第一个5年的经验基础上，建立可操作性下长期健康发展战略，制定了中国建筑装饰协会实践教学课题组今后5年的发展原则，认真贯彻教育部培养卓越人才的落地计划，为企业输送更多的合格青年设计师。

在这里，让我们再次感谢实践教学课题项目学术组委会的辛勤付出和劳动，也希望大家更加努力，积极参与，尤其是各位学子，要紧抓机会，向各位优秀的设计导师学习，成长为一名优秀的青年设计师，为中国建筑装饰设计行业的发展作出更多的贡献。

李秉仁　会长
中国建筑装饰协会
2014年3月

内树理论、外强实战
——"四校四导师"实践教学项目活动

2014年3月到5月，在短短两个多月里有幸参加第六届"四校四导师"实践教学项目活动，这对我们应该具有社会责任感的行业名企成员来说，是一次全新的职业体验及社会责任感的释放提升，同时又是学习上老与少、新与旧的碰撞。而对于来自各名校学生中的佼佼者来说更是革新式的一次教授学习体验，同时又是学习上碰撞提升的难得机遇。

作为一名设计行业从业多年工作者，深刻体会实践与我们自己工作业绩的成长几乎有着等号般密切的联系。实践是人类自觉自我的一切行为。而设计实践更应是与包括自己和所有学习对象在内的面对面的竞争与交流。因此，对于实践教学项目活动来说，树理论、强实战是我们终极目标，而且也对我们全体参与活动的成员提出了更高、更新、更严的要求，只有这样我们的教学质量才会提升，我们的设计行业水平才会更高。

由央美王铁、清华美院张月、天美彭军三位声誉卓著的教授引领各兄弟院校精英师生落实主题教学活动内容、担任院校导师，由全国排名前十的苏州金螳螂、北京清尚、北京港源及深圳广田等名企设计院主要技术及管理的核心骨干落实主题教学活动所需的资金条件、担任社会导师。这可谓是武装到牙齿的精兵强将团队，甚至是国内顶级水准一个团队，是成员们都互相敬仰的一个团队。

院校导师与社会导师的结合教学不断增强教师教授水平和学生的实践操作能力，同时也不断增强企业的社会责任感，实现三个促进。

一、促进学习。由于有了如此新颖综合的一个教学平台，学生间横向的比较一目了然，水平有高有低，创意也有境界差异，导师们点评的犀利精准，结合奖励竞赛机制，各种冲撞激励着学生们学习与进步的热情，催人奋进。绝对可以提高学生们自身学习与实战的素质能力。

二、促进教授。全国不同地区的学生聚在一起，使得导师们能纵向地看到不同区域的学生基本素质及能力水平间的差异，包括动手、表达、公众场合自我情绪的控制等，由此会及时促进导师们对学生的认知以调节使用恰到好处的教学方式方法。所以也积极提高导师们对学生的理解与教授的方法。

三、促进交流。名校名企同台搭台唱戏，及时疏通院校导师与社会实践导师的交流渠道，提高各院校学生之间的理解与交流的热情。院校导师们潜心研究的科教理论高度与名企导师大量社会实践项目的经验在如此创意教学平台沟通碰撞即刻产生新的知识通道，学生们通过激烈的点评、论证、比对，及时吸收到新鲜浓郁的营养，火花四溅，交流的热情与求进步的欲望瞬间释放。

天时地利人和，统一的思想目标，兼具竞赛性质的灵活教学方式，结合时间节奏的紧张安排，各环节的教学设计都无处不在与实践紧密结合着，按最高的教学目标要求来指导我们的学生，以最好的社会实践经验来指导我们的学生，按照科学教育创新理念，"四校四导师"实践教学项目活动岂有不走向成功的理由，岂有思想不碰撞火花四溅的可能。

期待着下一届的"四校四导师"。

朱宪华　总设计师
北京港源建筑装饰设计研究院
2014年6月26日

架桥之旅
卓越人才计划奖暨"四校四导师"活动感想

转眼已毕业 16 年，甲午之年有幸以实践导师的身份参加"卓业人才计划暨四校四导师毕业设计活动"，感想颇多！采撷几点与大家共享。

毕业生的现状：

学生整体能力和市场需求产生错位。近年来设计院招聘的应届大学生，虽然基本功学得都很扎实，美学素养也很优秀，但是在完成市场转化过程中，都很吃力！究其原因，一个很重要的因素就是学校和市场对接的不够。室内设计是一门应用学科，换言之它是服务社会的，它不能脱离市场需求来独自发展。如何做好理论和实践相结合已经成为新形势下教育体系需要认真思考的问题！只有了解设计企业的真正流程和真正要求，室内设计教育才能蓬勃发展，生生不息！

这次大赛学生的整体表现：

存在题目过大的普遍现象。到底是在做规划还是景观、还是室内、还是建筑？其实好的设计不存在项目大小的差别。反观这次活动的外方学校：匈牙利学校 4 个人同做一个课题，内容很深入，很接地气！

展望及建议：

1. 是否应该在大学三年级下学期开始逐步引入市场化教学。

2. 大赛是否划分组别：建筑、规划、景观、室内，以便学生可以更集中精力。

不管怎样，活动能坚持 6 届并持续壮大发展，都是令人鼓舞和振奋的！离不开王铁教授、张月教授、彭军教授等一大批先驱者的无私奉献和激情投入！参与其中，才更令人感到肃然起敬！

市场如一条大河，水流湍急。将学校和企业岸分南北"四校四导师"活动犹如河上架桥，名师似桥上基石，让学生跨越天险。我想此次活动的最大价值，便在于此。

李臣伟　院长
北京港元建筑装饰设计研究院
2014 年 6 月 20 日于北京

艺术与工科思维并重、教学与实践探索共行

2014中国建筑装饰卓越人才计划奖暨第六届"四校四导师"环境设计本科毕业设计实践教学课题活动于今年获得了又一次的圆满成功。6年来，从最初的3所院校的联合毕业设计教学，到今天的13所院校、30名教师、近60名学生、4家实践企业共同建设的实验教学平台，"四校四导师"活动令我深受感动，我深深地感受到组织和参与这项活动的教师和设计师所付出的巨大的努力，尤其是令人尊敬的活动发起者，为学生搭建起一个如此美好而光明的平台。

衷心感谢王铁教授提供的机会，让我能够作为一分子参与到活动中来，与诸位来自多所院校的师生一起，共同学习、交流和进步。我深刻感受到一种大家庭的温暖，感受到教育工作者对于学生的关爱。在今年的"四校四导师"活动中，包括实践导师在内，平均每2名学生就有1名指导老师，这是多么感人的一个比例，展现出的是如此豪华而强大的教学阵容。在这样的阵容下，教育资源得到了极大的优势互补；在这样的环境中，学生的创作水平在短时间内得到了最大程度的提升。

参与"四校四导师"的院校包括艺术院校和理工科院校，在联合教学理念上始终坚持"艺术与工科思维并重"，活动对学生毕业创作的深度既有艺术审美方面的要求，同时也有制图以及建造方面的要求；既弥补了传统艺术院校对建筑结构和建筑制图等不足的方面，同时也加强了一些理工科院校的艺术审美能力。具备不同特点和背景的院校之间进行合作更能够提升学生的综合设计能力。

"四校四导师"活动还有一个让我非常有感触的地方，就是多年来与企业之间的互动合作和深厚友谊。6年来，"四校四导师"活动没有花费国家和学生的钱，而是依靠企业进行捐赠赞助，企业助学的理念在这项活动中直接体现，这也是国内类似教学活动中的一个创新。行业内知名企业参与其中，知名设计师直接作为实践导师出现，一方面能够从实践的角度指导学生进行设计，另一方面能够在指导过程中与学生积极交流，了解学生，从而吸纳优秀毕业生进入企业工作，为即将毕业的大学本科学生提供了直接迈进名企的难得机会。在当下我国大学生严峻的就业形势下，这是一种开创性的模式，能够最大限度地实现高校与企业之间的对接，实现"教学与实践探索共行"。

6年了，当下有多少活动进行了首届之后就没有了下文，能够进行到第六届的更是少而又少，而"四校四导师"活动年复一年，规模越来越大，品质越来越高，称得上国内环境艺术设计领域教育界中联合毕业设计的典范。"艺术与工科思维并重、教学与实践探索共行"，祝愿"四校四导师"活动永葆青春！

侯晓蕾　副教授

中央美术学院建筑学院

2014年6月

四校交流回溯

"四校四导师"的活动已经进行了 6 年，由开始的未知、尝试，到如今的形成一整套完整的活动体系，有十几所院校参与，并形成一种成长性的长期机制，确实是不容易。回头想来，之所以能够有这样的成就，是有内在原因的，总结一下可能有以下方面：

1. 有动力、有需求

任何的事物如果没有内在的动因和驱动力，如果仅仅是为了表面的好看风光，为了场面的做秀，它很难支撑下来。四校活动的成功，在于它从一开始就建立了一个务实的标准——"实效"。就是我们活动的核心必须是有实在的成效，不是虚晃一枪。从活动的组织形式、参与院校的选择、校外设计机构的引入等无不是根据师生的实际需求为导向。而各个院校及设计机构高涨的参与热情来自于发自内心的动力，动力则来自于需求。

作为院校，需求首先来自对交流的渴求。多年的各自封闭教学模式，虽然我们有很多的会议、出版、论坛等交流方式，但似乎总是隔靴搔痒，不能切中要害。而四校的活动为我们提供了贴身近距离共熔一炉似的交流环境。在这种更直接"无界限"的对话中，老师们可以对比审视，发现教学的差异性，并且对自己学院的培养定位有一个更清醒的认知。学生则可以借此获得更广阔的学术视野和展示平台，并获得名校导师的指导。

作为企业、设计师，对人才的渴求可能是最直接的动因，但教学交流过程中，实践经验和思考也需要对教学理念的影响和回馈，以期影响专业教育向着市场需求引导，这是一方面。另一方面，师生在教学与研究过程中的一些超越市场和实践的浪漫与尝试也会使埋头于实践的设计师产生鲜活的意外思考，这些也刺激了企业和设计师的交流欲望。

2. 可持续、可成长

可持续、可成长是四校活动的鲜明特点。这种可持续，除了发自交流者的原动力，选择一个可比较、在学校正常教学体系之内的正常教学环节作为交流的平台，也是重要的原因。有比较，才能有统一的评价框架，才能发现问题，并切实回馈和提高各自的教学工作；以正常教学环节为平台，对正常的教学干扰小，且不需要在正常教学之外另起炉灶、额外占用师生很多的时间和教学资源，才能长时间持续地坚持活动。可持续的另外一个重要原因来自于校外设计机构的支持和校企形成互动的良性循环。过去的教学，学校闭门造车，企业坐等收获。但结果往往是学校缺少与行业市场的衔接，人才不能适应需要，另一方面企业既没有渠道回馈需求信息，也没有办法对进入的人才有一个充分的了解，获得需要的人才。而在四校的平台上学校和用人企业则形成了一个相对稳定的互惠、互动并互相回馈的良性交流机制，使人才的培养不再是一个前后割裂的、各自为政的状态，而是一个由学校与用人企业联手推动的持续渐进、平滑过渡的过程。这样企业获得了可持续的动力，学校获得了可持续的资源。

可成长的前提是有持续稳定的基础，正是四校活动长期稳定才使它逐步完善，并且每年都有新的改变提高。四校活动的成长有目共睹，大致经历了四个时期：第一个阶段仅仅是简单的校际之间的教学交流活动，这一阶段突出特点是开创了国内艺术设计专业跨校际的持续师生互动式的交流，为后来的很多活动作了示范。第二个阶段产生了最重要的变化，引入了校外知名企业资助和校外知名导师的参与，使活动转变成在跨校际之上的跨校企合作平台。引入企业带来了可持续的资助支持和人才就业互动机制，引进校外知名导师则使教学活动增加了行业实践视角的关注和引导，使活动本身成为校企双向交流的平台。第三个阶段，活动本身的迅速发展和影响力，引来了更多院校和企业的参与热情，带来行业管理者的关注，更多校企、行业协会的参与使活动不仅仅是少数校企互相之间的自发行为，它成为对全行业具有指引性的示范性行业活动，具有更深入和广泛的交流。第四阶段，开始了更广泛、引入国际化的交流，国外院校与国际性企业的加入在更大的视野和平台上让所有活动的参与者有了新的高度和目标。

回顾这 6 年，不管今天我们已经变得多么壮大，但千里之行始于足下，路是一小步一小步走到现在的。所以，寄语每一位活动的参与者，做好手中的每一件小事，明天我们会变得更强大。

张月　教授

清华大学美术学院

2014 年 6 月

天道酬勤、业道酬精

又是一个难忘的学期，又是一场难忘的经历，5 月 24 日于中央美术学院，中国建筑装饰卓越人才计划奖暨 2014 "四校四导师" 环境设计本科毕业设计实验教学课题终期结题汇报交流如期举行。

"四校四导师毕业设计实验教学" 活动自 2009 年以 "高校教学改革先锋探索" 为宗旨创办以来，经历了 2010 年的 "打破壁垒"，2011 年的 "无限疆域"，2012 年的 "自由翔翔"，2013 年的 "对位思考"、"共享成果"、"互动交流"，进入了第 6 个年头。为进一步完善实验教学可操作性，课题组决定 2014 年开始以 4+4+4 模式确定今后 5 年发展原则，提出 4 所核心院校、4 所知名基础院校、4 所知名合作院校，并邀请建筑装饰知名企业，共同完成一次开题答辩、2 次中期答辩、终期答辩及颁奖仪式。在参与本次课题的 12 所院校的 12 位教授、12 位副教授、56 名学生，以及来自苏州金螳螂建筑装饰设计研究院、北京港源建筑装饰设计研究院、深圳广田建筑装饰设计研究院的实践导师，还有来自匈牙利佩奇市 PECS 大学 PTE 学院师生的共同耕耘下，半年来的日夜勤奋，换来了满载收获的喜悦。

古人有云 "天道酬勤、业道酬精"，大抵是要劝谏后人只要刻苦勤奋，做事精益求精，最终必能收获成果。59 件浸润着辛勤汗水、焕发着无限创造力的设计作品，体现出了含辛茹苦的园丁们培养出的学生们的专业素养和创作激情。设计作品涵盖范围广泛，有深切关注城市建设的主力军却沦为弱势群体——城市外来打工者子弟学校的环境提升问题；有遵循 "以人为本" 的理念，去通过环境设计解决人们生活中的实际问题；有透过浮夸的外表面装饰去尝试生态理念在规划科学性方面的可行性应用；有结合自身的成长经历去挖掘地域的、民族的传统文化特征语汇，在现代景观营建中的运用；有对现代城市快速开发建设后不断出现的城中村问题的反思和解答；有以活跃的创造性设计思维对建筑内外环境提出的概念性设计……体现了学生对社会大环境的关注、对传统文化的关注、对当今热点环境问题的关注……通过深入实地考察、严谨的分析，将感性印迹与理性思维、设计创意与科学理念以及设计规范有机融合，体现出学生知识向多元化、纵深化发展。

或许本书出版之日，参加本次活动的同学们，已经走向新的生活，正在通过奋斗，去实现成为优秀设计师的梦想。再次祝愿这些青年才俊、这些未来的设计之星们，能够以在 "四校四导师" 活动这个平台上，已经展现出来的智慧、才情，去打拼属于你们自己的新天地！更祝愿 "四校四导师" 活动，今后在各界的支持关注下，能取得更大的成功，更加深远的影响，能够实现中国环境艺术设计教育腾飞的梦想！

彭军　教授
天津美术学院艺术设计学院
2014 年 6 月

4+4+4>12

不是金秋，却依然满载收获的喜悦。2014"四校四导师"环境设计本科毕业设计实验教学课题暨中国建筑装饰卓越人才计划奖落下帷幕，第六届"四校四导师实验教学课题"圆满成功。

2014年是"四校四导师"环境设计本科毕业设计实验教学课题经历的第6个年头，也是第二个5年的开局之年。参加实践课题的4所核心院校、4所基础院校、4所知名院校，3家中国建筑装饰设计50强知名企业，共同肩负着打造中国建筑装饰设计优才培养计划，贯彻落实教育部培养卓越人才的落地计划，以及为企业输送更多的合格青年环境艺术设计师的责任。

"四校四导师环境设计本科毕业设计实验教学课题"，科学有效地完成了《本科教学工程"国家级大学生创新创业训练计划"》项目获得了国家优秀奖，其培养知识与实践并存型人才的方针，与高等院校、知名企业共同探讨实践教学理念下的探索，打造校企合作共赢平台的实践，得到业界共同的认可，已经为中国高等院校环境设计实验教学提供了有价值的可鉴案例，成为业界品牌，其影响力已波及海外。

在此次具有开创性的交流活动中，各院校均体现出各自鲜明的特点，且差异明显。在选题的研究性，项目的调研，机构的访问，现场的体验考察，问题的分析，设计概念的形成，设计的创造性、艺术性、科学性、可实施性，外在形式与内在结构的逻辑关系，对设计的理解，效果的表达等诸多方面各有侧重，带有各自的烙印，而这正是能够在交流中碰撞出火花的源泉。来自匈牙利佩奇市PECS大学PTE学院师生，由4名同学合作完成一个项目，每个同学都是这个链条的组成，各自的课题串连成总课题，各自独立而又密不可分。其设计构思的概念、解决问题的章法、成果的形成更是有耳目一新之感。发现差异、感悟差异有利于将艺术设计学科与建筑学科各自优势融合互补，寻求正确的教学发展思路。

"四校四导师环艺专业方向毕业设计教学交流活动"采用直接交叉指导学生完成毕业设计方式，能够从多方向听取教师与学生的意见，让多个院校相互之间都能有一个更广泛而深入的、多方面的交流。学生们不仅得到自己院校导师的辅导，更能获得其他11所院校教授的指正，更能获得知名一线设计大师的帮助，从而取得4+4+4>12的效果。

最后，值此毕业季之际，再次衷心地祝愿学子们，用你们在此次活动中表现出来的创意素质与自信，凭借你们的聪明才智、进取精神、扎实的专业素养，乐观从容地走向今后的设计人生，希望通过"四校四导师"环境设计本科毕业设计实验教学课题这个平台，在踏入社会的时候多一份自信，期待你们的成功！也再次祝愿"四校四导师"环境设计本科毕业设计实验教学课题这个实践活动，能够培养更多、更好、更高的环境艺术设计人才。

高颖 副教授
天津美术学院艺术设计学院
2014年6月

再谈"四校四导师"活动与教学改革

又是一年毕业季。不知不觉间,"四校四导师"活动已经进行了六届,我们学院已是第三次参加。今年的活动涉及的院校更广,学生更多,王铁老师以及课题组的各位老师、同学和工作人员为此付出了辛劳的汗水,在此表示由衷的感谢!

中国的室内设计教学以及环境艺术设计教学经过这么多年的发展,早已脱离了行业发展的节奏,诸多毕业生设计意识与社会脱轨、专业素质和文化素质偏低、缺乏动手能力和创造性思维,毕业后进入设计行业,还得进行 3～5 年的再教育,不断修正、补充,才能真正步入设计的门槛。为此,各大院校都在通过各种各样的努力,寻求教学改革的突破,"四校四导师"活动在此背景下应运而生,集中精力进行毕业设计环节的改革。

四校活动有两个最大的特点,一是校企双师指导,二是跨校联合指导。

校企双师指导,学校导师负责设计原理、设计思维、设计方法论等方面的指导,企业导师负责提供设计课题,全程进行设计指导和设计技术支持。在这种指导之下,学生既能学到全面的理论知识,又能接触到最直接的设计实践。

这跟我们学院进行的教改不谋而合。我们学院是真正基于校企合作的办学模式,我们的师资队伍由金螳螂公司内一批具有高等学校教师资格的资深设计师与学校现有的年轻教师组成。这些资深设计师进公司之前一直在各高校从事室内设计教育,具有丰富的教学经验,可担当各自熟悉领域的课程导师,年轻教师通过这些资深设计师的"传、帮、带",积极从事教学实践和设计实践。我院最具特色的课程当属实践课,我院的产、学、研平台包括金螳螂公司下属的设计研究总院、施工现场、加工中心、家具公司、艺术品公司、广告公司、景观公司、幕墙公司等。认识实习期间让学生直接进入金螳螂各个部门,不同实习课安排不同的一线设计师进行指导,让他们全面模拟实践演练,对设计感知、认识,并进行自我定位;实践实习以"项目＋过程"的模式,让学生直接参与设计工作,由公司资深设计师进行全程跟踪实习指导,包括最后的毕业设计。

跨校联合指导,对不同学校、不同生源背景的学生来说,是全面了解自身优点和缺点的机会。文科类美术功底好,理工科逻辑思维强,学生们的各种想法和手法在这里碰撞,处处闪现着设计的火花;同样,对学校来说,也是各位老师检验各自教学效果的最好方式。这种联合指导方式,既是"教学相长"的最佳诠释,又是学校之间相互学习的最佳平台。

王琼　教授

苏州大学金螳螂建筑与城市环境学院

从走路到起跑

　　"四校四导师"这个活动已经连续举办了几年的时间,我是今年第一次参加"四校四导师"苏州大学学生的指导工作,并且全程参与了所有的活动。从"走路"到"起跑"这个感悟主题来自于王铁教授,在最后结题及颁奖典礼中王铁教授说,"四校四导师"的活动从幼儿园毕业,进入小学阶段,不但压力大,也有更多的动力。我想从"走路"到"起跑",不仅是说"四校四导师"的活动已经逐渐成熟,并且焕发勃勃生机,已经蓄势待发,更多的是指改革开放三十多年的时间,中国的设计界从懵懵懂懂,学习不同的设计理念与方法,到现在中国设计教育体系逐渐完善,借中国经济发展的契机,设计界也在蓬勃发展。

　　作为一名苏州大学建筑学院学生的指导教师,就该活动而言,感言之一是教师及行业领导者崇高的责任感。就苏州大学建筑学院室内设计方向而言,依托建筑学院的背景,发挥金螳螂公司的优势平台,为培养人才不遗余力。尤其是王琼教授非常重视该活动,从选题、开题到不同阶段的汇报,王琼教授、陈卫谭教授、刘伟教授百忙之中都挤时间到现场指导,王琼教授每次在学生的汇报中,都是不厌其烦地对每一个作品进行细致的解读,优点及时鼓励,不足的地方寻找适合的解决方法。对金螳螂公司来说,不但需要各个部门的配合,而且在人力、物力方面全力支持学生,并且确实做到双师制的指导。苏州大学和金螳螂公司重视的不仅是培养有质量的学生,更是对该行业的一份责任。从行业的领导者而言是想通过活动促进人才的成长,能够使年轻学子更好地服务社会,从各校的指导教师而言更多的是想通过相互交流使学科更好地发展,如果没有一份无私的责任心,该活动也许会有一些折扣。

　　感言之二是交流促进成长。不论是打破壁垒还是互通有无,更宽的视野、更多的了解、走更多的路,吃更多的盐是当前设计界十分重视的。但是作为学生而言,了解不同院校、不同企业文化、不同的设计理念不是十分容易的事情,尤其是当前的教育体制,院校与院校、各学科之间的隔阂是存在的。"四校四导师"的初衷是为了学生,目的也是为了学生的成长,正是在这个平台上,我看到了具有大智慧的导师,也看到初生牛犊的精神。不仅学生相互交流,教师之间的交流也同样热烈,这种交流活动既促进学生设计作品的提高,同样,教师的视野也更宽阔。

　　感言之三是中国设计的发展与社会同呼吸。改革开放以来,中国出现翻天覆地的变化,不论经济、文化、对外交流,还是随着市场经济出现的具有活力的私营企业,经济的发展促进了设计行业的进步,如果举例来说,金螳螂公司就是社会经济发展过程中成长起来的行业旗舰。我想设计发展与社会同呼吸主要说的是设计紧随时代而又是社会生活的引导,设计不仅是纸面上的,最重要的还是为了更美好的生活。社会发展了,人们的物质水平提高了,随之要求也高了,这就要求设计者在满足一定要求的基础上,更要具有很好的眼光和前瞻的思维。设计改善生活、设计改变生活、设计引领生活是对设计师的要求,也是对行业的要求。这是一把双刃剑,设计与社会紧密相连,社会发展对设计师素质要求更高,同样,设计师素质的提高也促进了社会的发展,"四校四导师"名校、名师、名企的结合正是一种很好的结合点,也体现了当代设计教育者的思考。

　　总的来说,我有幸参加该活动,同时也遇到更多更好的老师与朋友。培养人才是学校、社会、企业、家庭共同的愿望,正是在这个发展的洪流中有这样一些有责任感的人,中国的设计教育才能在曲折中前行。正是有这样热爱设计的学生,中国的设计发展才能更有潜力,"四校四导师"为学生提供更好的舞台。正是中国的发展促进了设计从业者更多的思考,也促进了设计行业发展的速度。在此,我衷心祝愿"四校四导师"活动越办越好,从牙牙学语,到走路再到起跑,能成为一名健将。

张琦　副教授

苏州大学金螳螂建筑与城市环境学院

2014 年 6 月

"成功"和"迷茫",放不下的声音

2014年6月26日,在超过交稿时间一个月后,摇摇乱哄哄的脑袋,坐下来。万籁静,有钟走的声音,哒哒哒……

总萦绕在耳边的是一个坚定的男声:"我如何才能成功?"和一个弱弱的女声:"我们真的很迷茫……"

扮作成功者的我当时回答什么,现在已不记得了,无非是标准问题标准答案罢了,但问题却一次次地回荡,得过几个奖,作过几次演讲,在别人眼中或许是个成功的标志。但,真的好久没想到过"成功"这个词了,不知道明天会有什么事,明天会去哪里,都已经成了常态。猛地听到"成功"这个词语还真把我震得一跳!听到"迷茫"这个词语还真的一下迷茫了。作为密密麻麻的高楼大厦的建设者中的一员,到底是在"建设"还是在"破坏"?就是我想都不敢想的问题!行进在雾霾中是真的不敢正视自己,吸进去就当赎罪吧!没有哪个项目不把绿色环保狠狠地大声喊出,进了工地就嗓子痒痒,泪水滚滚地匆匆逃离。有那么几个建筑到真正在数据上达到了零碳排放绿色认证,但好像没计算在建筑、运输过程中的污染及昂贵的造价已远远超出了一辈子的水电费用。

写写感想,看看微信,有朋友在搞活动!"设计改变中国",是的,没错!改变了!想想儿时冬暖夏凉的外婆家,饭后邻居们的东家长西家短还在耳边絮絮叨叨。回不去了!

再想想,不禁羡慕起能问问题的学生来,还能想追求成功,感到迷茫,是一种幸福!

曾经的我,制定过目标,30岁要如何,40岁要怎样,局部来看达到了。但为什么没有以后了?50岁要达到怎样的成功?还真没想过。

设计改变生活!改变了自己的生活还是改变了别人的生活?当然会改变,如何改变才好?设计创造价值!自己的价值还是别人的价值,是持续的价值还是短暂的暴富?是陈久弥新还是过眼云烟?设计提高品位!表面还是内心?还是助纣为虐,浮夸地让私欲肆意疯长?

"怎样才会成功?""为何如此迷茫?"归根到底,有目标,知道自己在哪里,两点一线,就会有路径达到。没目标,还不知道自己在哪里便是"迷茫"了,但一路走去,会尝遍各种百草是必然的,有的甜、有的苦、有的养生健体、有的会七窍流血,没人能告诉你会在什么时间什么地点发生什么,告诉你了,便无趣了。一路走去便是了,尽量走远一点、长一点,便会看到多一点的花花草草、风风光光。

倒是要强健你的体格,洗涤你的灵魂,看清目标的本质。毕竟人得到以后大都不懂珍惜!

倒是要问自己3个问题:①当有人想得到你力所能及地帮助时,你会帮他吗?②当有人想得到你必付出一定努力才能达到的帮助时,你会帮他吗?③当有人想得到你可能牺牲自己生命、财产、成就等才能有的帮助时,你会帮助他吗?

答案:①你会有小成,因为有人会力所能及地帮你;②你会有中成,因为别人也会努力地帮你;③你会有大成,因为大成者必须有破釜沉舟、死而后生的勇气,才能凤凰涅槃。

记得要有敬畏心,敬畏一切才能最少地受到伤害,尽管还是会受到伤害;记得要有真诚的爱心,爱一切才能让一切爱你,尽管还会有人恨你。记得千万别害人,害人一定被人害,大部分其实是被自己害。

感谢有幸参加四校活动,一路走来看见一路的美、一路的真、一路的爱!

提笔的时候很迷茫,放下笔有一种成功的喜悦。

石赟　副院长
苏州大学金螳螂建筑装饰股份有限公司设计研究总院
2014年6月

取长补短，交流共生

"四校四导师"毕业设计实验教学交流活动已圆满结束，活动中各校导师展现出严谨的教学态度，学生洋溢着饱满的创作激情，都给我们留下了极为深刻的印象。

毕业设计实验教学交流活动是指导学生毕业设计的创新举措，它成功地在各校之间搭建了一个相互交流的平台。从国内来看是地域之间多层面的一种交流，这有助于各校之间可以相互取长补短，不断改进自身教学指导的方法，提升教学水平。从国际交流来看匈牙利的佩奇大学加入到今年的教学实践活动，增加了国际的学校交流，使我们对国外教学方法和学生的设计流程有了全新的认识，使参与实践创作的学生开阔了视野，了解到国外最新的设计动态。

在实验教学交流活动中，学生们可以听取到来自各校专业导师的建议，无论是创意思维还是分析能力及解决问题的能力都有很大提高，整体设计流程明确，设计制图表现也越加严谨规范，同时锻炼了学生们的表达能力，从活动中提高自信心。与此同时实践导师注入了一些实用的设计经验，使学生更快地认识到设计与实践的重要性，为早日服务社会奠定了良好的基础。

吉林艺术学院是第二次参加"四校四导师"毕业设计实验教学活动，这次学生们取得了很好的成绩，是导师们辛勤的指导，也是学生勤奋努力的表现。最后，感谢"四校四导师"组委对我们的厚爱和我们学院领导对我们的支持与鼓励。

王学思　教授
吉林艺术学院
2014 年 6 月

"四校四导师"活动感言

2014 年 5 月 24 日我们吉林艺术学院师生 5 人从略带寒意的东北长春来到北京，迎面的暖风让我们每个人都很释怀。3 个月了，我们又再次感受了"四校四导师"试验教学课题活动这个中国高等学校环境设计教育全国 12 所院校毕业设计大联盟的怀抱的温暖。从南到北，从北到南，满带理想与冲动的学生们经历了一种不同的生活学习体验，同时又使学生的专业性知识再次提升，为学生今后的工作学习作了最强铺垫。我为学生感到由衷的欣慰之际又可叹时光不能倒流，吾辈老矣！

此次教学活动促进各高校之间教学交流的同时，又使在校教师、学生和企业知名设计师对自身的使命感增强意识。

第二次参加本课题活动，每次都能深刻地体会到课题导师、知名设计师对学生和教学的一片苦心以及深厚的情感。忙忙碌碌的 100 天，转眼而过，但是，留给心底的那份充实，却不得不让人久久回味，受益终身。

通过本课题活动，不仅有利于教学方法和手段的提升，更有利于促使教师更深层次的思考，时时刻刻更新观念。我们作为一名艺术院校环艺教师，该如何做到既有文科艺术教学的活跃与锐气，又有理科的严谨及有序，从而不断提高高校环境设计教育教学质量，提高学生专业素质，增强学生设计意识，提倡协作精神，努力培养高素质的环境艺术设计人才。

一路走来深知课题组导师们为此付出的心力和物力，在此衷心地道声辛苦了。

刘岩　副教授
吉林艺术学院
2014 年 6 月

绚丽的乐章　五月的交响

引言：

在中国文学艺术界，尤其是 20 世纪毛泽东时代，每到每年的 5 月那是全国文学艺术界最忙碌也是最红火的一个月，当年冠之为"红五月"。其主要原因是在 1942 年，时任中国共产党领袖的毛泽东主席为解决中国无产阶级文艺发展道路上遇到的理论和实践问题，于当年 5 月 23 日在中国革命圣地延安发表了《在延安文艺座谈会的讲话》。由此，5 月的讲话便成为指导中国文艺工作的理论基础和行动指南。72 年后的今天，中国文艺界仍举着这面文艺理论的旗帜践行着。

无独有偶，在中国当代空间环境设计界和国家人居环境建设行业蓬蓬勃勃高速发展的关键时刻，即 6 年前，中央美术学院学术带头人王铁教授、清华大学美术学院环境艺术系主任张月教授、天津美院设计学院院长彭军教授，三位名校名师在面对中国当下本科教育存在的诸多弊端和问题中，就如何更健康迅速培养优秀卓越人才，从而更快实现"美丽中国梦"的教育国策，三位教授一拍即合作出壮举：打破院校间壁垒，制定出了"3+1 四校四导师"环境设计本科毕业设计实践教学课题实施计划。这一宏伟计划经 6 年来的辛勤努力，其实验探索的教学成果，从 2009 年的"四校四导师"，到 2010 年的"打破壁垒"，以至 2011 年的"无限疆域"，又到 2012 年的"自由翱翔"，紧接着 2013 年的"对位思考"，由传说状的践行到成果更辉煌的 2014！面对每届经中国建筑工业出版社印制的一本本厚厚的教学成果专集，足以让每一位关注、从事当代本学科教育和实际项目设计的国人感动不已！

本文题目是绚丽的乐章，归纳起来有这么几个主要的亮点部分：

绚丽乐章之一：

名校领军。以中央美术学院、清华大学美术学院、天津美术学院为代表的引领中国当代艺术教育的旗帜院校为核心，又精选了国内部分省市的相关综合院校，以及慕名而来的匈牙利佩奇大学 PTE 学院。其参加院校阵容庞大而精锐，其代表当下不同类型大学的教育层面也是完整的，有着不同教育类型的说服力。

绚丽乐章之二：

名师指导团队。名师责任导师组团队以王铁教授、张月教授、彭军教授为代表的核心力量，他们是自国家改革开放以后近二十几年来在国内本学科里的辛勤拓荒者、领军人，责任导师组团队和各位指导教师其每一位也均是在教学、科研、实践项目设计第一线的各省佼佼者。导师组坚持推行知识与实践并存型的实践教学模式，经过实践检验这一模式获得了划时代的成功。

实践名师团队。以清华大学校产副董事、北京清尚设计院吴晞院长、中国装饰行业领军企业苏州金螳螂设计院王琼院长等国内名企设计总监、著名设计师团队，他们中的每一位均在国家的、省市的、城乡的实际项目设计中做出了经典，他们对学生的每一句指导话语，均击中学生作业要害，他们是来自设计第一线的权威发言人，他们是本实验课题教学实践板块中不可或缺的核心力量，师生们获益至深。

绚丽乐章之三：

名企支持。以 20 世纪中国设计师的摇篮清华大学美术学院(原中央工艺美术学院)深厚的学术积淀及人才积累为基础，构建的全国著名设计院：北京清尚环艺建筑设计院和全国装饰行业龙头企业苏州金螳螂装饰设计研究院；北京市行业龙头企业北京港源建筑装饰设计研究院；深圳本行业龙头企业深圳广田建筑装饰设计院等全国一流设计院。以上庞大的公司规模，尤其是各个名企精典设计、精细加工的实际场所均使师生广开眼界收获极深。最重要的还有一个教学环节，即每到一个企业，企业设计师、企业就业人力资源部与学生零距离咨询对接是很前沿的，学生在与名企互动中，清晰地认识到他们走向未来准设计师之前还急需要补充什么、准备什么。

以上名企还慷慨解囊，提供了课题组三个月毕业设计实践过程中北上南下的数十万费用，他们是当代最伟大的最可敬仰的名企！

绚丽乐章之四：

无私奉献。课题组在整个毕业设计教学活动时间，都选择了每周的周六、周日两天进行，所有责任导师、指导老师、实践导师放弃了各自周末的全部时间，执着地、认真地，甚至是隆重而严肃地投入到这个教学活动中。准确地说，每位导师手里都有一些这样那样的重要项目要完成，但大家全放弃了！特别是课题组组长王铁教授一天不落下！全体导师就一根弦，甚至高呼着、呐喊着："一切为了学生！"这是多么纯朴和伟大的呐喊啊！常常，我们自个儿都为这番奉献和一切为了学生的精神感动得掉泪了！

绚丽乐章之五：

可爱的学子。各校选拔来参与的学生，他们在幸福地感受、分享着名校、名师、名企以及行业最高领导层对他（她）们的全力支持、教导和培养，他（她）们是美丽的、幸福的！因这是当代中国最豪华版教学团队时刻在关怀着教育着他们。同时，莘莘学子没辜负名校、名师、名企及行业最高领导的期待，他们拼搏着，甚至在痛苦地思考和努力着；他们牢牢记住了每位导师给自己的作业每一次指点的一个个知识点，他们不放过每一位导师说的每一句话、每一个字，因为，这都凝聚着每位指导教师积淀了多年教学研究和实践的精华。他们充分体验了"与君一席话，胜读十年书"的哲理。

他们3个月中作业的过程状态和最后答卷是优秀的，导师们忘却了3个月来的辛勤和疲劳，在颁奖典礼上为学子取得的丰硕成绩都开怀地笑了、乐了！

课题组3个月以来美好的旋律和乐章还很多很多，最精彩的恐还没写出来，因篇幅有限仅举以上几例。

五月的交响

其实每年"四校四导师"环境艺术实践课题活动汇报及颁奖典礼，都约定在当代中国最高艺术殿堂中央美术学院进行。各院校师生每年都期待这一天的幸福到来，每到这个时刻，各校师生均提前一天全部到京且聚集在央美这一艺术大本营。记得去年的教学成果颁奖典礼是在"红椅子"报告厅，座无虚席，场面气氛激动而热烈。今年课题组的典礼空间升级了，在央美美术馆大报告厅！5月26日早8点30分开始，其场面恢宏、热烈非凡！13所课题院校主管教学的部分校长、院长、教务处长齐聚一堂。中央美术学院党委书记高洪教授和中国建筑装饰协会会长李秉仁先生的致辞把会场气氛一下子推向了高潮！师生们鼓掌着、微笑着，甚而还伴着激动的泪水。山东师范大学党委、校长非常重视，特派分管的钟读仁副校长参加今天的盛典，钟校长代表学校党委、校长们深深地感谢中国建筑装饰协会李秉仁会长，课题组王铁教授、张月教授、彭军教授，以及实践导师组吴晞院长、王琼院长、李臣伟院长、广田建筑装饰设计院和全体指导老师对山东师范大学的深切关怀和指导！钟校长向各位领导、全体导师、同学们深深地举了三个躬！

这种对当代教育的激动场景在中国设计教育界应该还是第一次呈现。3个月的毕业设计教学实践活动，全体师生以及社会相关各界共同唱响了五月的颂歌："中国梦"主题"教育颂歌"！

难怪在第四届课题教学成果《对位思考》的"后记"标题的副标题中，课题组组长王铁教授写下了"无法放弃的实验教学"！

段邦毅　教授
山东师范大学美术学院
2014 年 6 月

集结、前行

生活，总是在不经意间给我们接近梦想的机缘，这与命运有关、与缘分有关、与事业有关、与过往的奋斗有关……

王铁教授是我的老师，我通常喊他师父；张月教授、彭军教授、王琼教授、段邦毅教授、吴晞先生、韩军先生、石赟先生等那些熟悉的面孔更像兄长；我视学生们如自己的孩子，可内心更愿意和他们是朋友。但这一切从"四校四导师"活动集结的那一刻，变得界限模糊。昨夜，我记起了王铁教授的新专著——《无界限》！

自此，"四校四导师"、老师、学生、朋友、设计师、企业、高校、作品、良知、过往、未来等字眼，便不停地萦绕在我所有的时间里。我的老师、我的学生、我的朋友们在时间、空间中变得如此接近，这个超四维的空间，便是"四校四导师"。这是一个不同的时间，它使我们可以抛却通常意义上的院落与围墙，从各自的角度审视并寻找自我。这个空间中，设计的目标与实施的过程是完全不同的。我注意到，没有人试图要求寻找一种所谓结合的方式，只是所有的方式皆指向这个空间的文化态度。态度，隐含在所有独特的方案及行为中，从另一个层面，体现着这个时代较少触及的某一部分生活价值和精神历程。在此基础上，所有的态度以种种方式，不可避免地影响着每一位参与者思想发展的方向和路径，我坚信这一切是有意义的。

时间过得很快，活动作为一个阶段结束了。记忆却怅然若失，像极了一种习惯，无以言表。究竟是什么构成了这种习惯还有待商榷，但"四校四导师"、学生、朋友等语素，已被紧密地关联于每个人的记忆。这种记忆与命运有关、与缘分有关、与事业有关、与奋斗有关、与温暖有关……

我记得，在那个令人感到温暖的时间里，我们集结，我们一起前行。

谭大珂　教授

青岛理工大学艺术学院

2014 年 6 月

变与不变之间

历程

　　2014年，对于我是一个全新的开始。过去的一年，有伤感有失落，同时也有巨大的收获。第一次参加"四校四导师"实验教学活动，正赶上课题组5年，一个值得纪念的日子。之前参与的学院悉数回归，这样的大"家庭"也带给我更多学习的机会。

　　每个院校都有自己的特色，而每位导师都有让人钦佩的风格。王铁教授的忘我投入、张月教授的严谨沉稳、彭军教授的细腻和蔼、吴晞教授的持重、王琼教授的风趣、段邦毅教授的随和……每个人身上散发的学者的魅力，带给我的是持续前进的动力。实践导师如石赟院长、米姝玮主编的机敏、亲切，让我体会到了"家"的温暖。而无论怎样的个性，所有的参与者，他们都有一个共同之处，那就是对所有学生倾注的关怀和课题汇报中执着、认真的态度。这样的团队带领下，课题终结时，学生们学业的提高水到渠成。同时，作为导师组成员，自己的成长是另一种收获。

　　在接到课题组通知，有机会参加第六届"四校四导师"实验教学活动，欣喜的同时，满怀信心。

感触

　　再次回到"四校四导师"的团队，再次融入师生交流之中，感触最深的，是课题组充斥的活力。这个活力不仅来自于那些年轻的学子，更源自不断累积经验、稳中求变的课题组核心。正如王铁教授所言，课题组经历了六年级，已经小学毕业，下一步，它将升入更高阶段，更快地成长。对此充满信心和期待的原因是，我亲历了它的变和不变。

　　2014年6月24日，课题颁奖典礼在中央美术学院美术馆举行。在短短的3个月当中，通过在四所各地院校的汇报交流，学生们了解了从南到北，纵贯中国的不同地区的风貌、环境和生活；接受了各大院校导师们不尽相同的教学理念；认识了实践中国际化专业团队的工作方式。接下来，他们将充满信心地去迎接崭新的生活。在这个过程中，通过导师们的指导以及与实践导师的深入交流，他们取得了显著的进步，同时对于专业和未来的工作也有了更清晰的认识。此时，过往成绩不再重要，他们所收获的知识、朋友以及导师们的祝福将陪伴他们未来的路。

　　对于参与课题的同学来说，圆满的收官，意味着整个活动的结束。而对于课题组的成员，这却是个新的开始。当汇报结束，学生们还在为顺利完成毕业设计而兴奋的时候，美院7号楼725室内，连续忙碌了数日的王铁教授，已经在召集各学院的导师们总结活动的得失，讨论下一段的工作计划、安排。而正是这样的工作精神，保障了课题组不断的推陈出新，不断的进步。

　　从最初的三加一模式，到实践导师的引入；从国外院校的加入，至学术组织的介入，6年间，课题组在组织结构、教学模式、人员组成等方面不断探索和调整。这不断的调整，不仅打破了院校间的壁垒，也在为本专业高等教育寻求突破。这让所有参与者都受益匪浅，伴随着课题组的成长，每个人都有所收获。

　　一切皆有可能，一切都是随着更高的标准而变，不变的是组织者的热情，是对学生、对专业、对教育的责任，是为此不遗余力付出的精神。

思考

　　繁华过后，归于平静。榜样的力量，无穷无尽。又一届的教学活动结束，所有的人带着收获回归。而此时，我是多么盼望着再次的相聚。因为还有许多讨论没有结果，还有许多体会需要交流。

　　有关于学生，想说的很多。怎样提高他们对专业的热情，用有限的时间充分地掌握必要的知识，值得思索。而短短的毕业设计期，他们如此迅猛的提高，让我兴奋但带着失落。反映在我校同学身上，用3个多月的时间，他们不仅是完成了自己的毕业设计，更多的，是在补过去 3 年多缺失的知识。我一直在思考如何能让课题组的思想尽早地影响学生，在他们奠定基础的时候，有更明确的方向。这样，或许未来，他们能少走些弯路。

对于专业，私下里和老师们聊到国内现状，问题大家也能看到。现实中充斥着各种不和谐的因素，在我看来，更多的是这个专业的从业者缺乏自信，寻求捷径而造成。其核心是专业素养的薄弱，没有深层次基础知识的积淀，创新只能是纸上谈兵。如何在学生阶段建立正确的专业观念，至关重要。这也突显了课题组存在的重要性。记得张月教授提到，培养"有思考的设计师"，而课题组对实践导师队伍的重视、与境外院校的交流，为此提供了良好的条件。有了这样的平台，剩下的需要我们每个参与者各展所长，在这个基础上，努力拼搏。

愿望

从远远观望，到置身其中，看到了整个活动在变与不变之间，坚定地前行。有如此敬业的导师、实践者，以及不求回报、乐于付出的专业团队的支持，相信在不变的追求中，课题组会变得更加强大、完善。希望自己作为当中的一滴水，尽绵薄之力，汇成江河，滋养这片专业的土地。

王云童　副教授
青岛理工大学艺术学院

从北京到北京

2014 年 3 月 14 日北京清尚，实验教学开题汇报；5 月 24 日北京中央美术学院，实验教学终期答辩及颁奖典礼。第六届"四校四导师"活动与前几届的共同点是由北京出发再由北京结束。而从起点回到起点，却是在跨越了大半个中国之后。

有幸成为亲历者，去体会当中的酸甜苦辣，艰辛和喜悦是一种难得的收获。

2014 实验教学的组织工作始于 2013 年底，为了让参与的同学在短时间内得到最大的提高，展现最美的自己，组织者对每一个环节精心安排，利用有限的资源，创造最靓丽的过程，可谓用心良苦。

自北京始，是每个高考过的学生曾经的梦想。从清华校园开始自己的毕业设计，这个标准，让同学们对自己有了更高的要求。

其间的两次中期汇报，在中国最南部的城市——南宁，同学们在既紧张又兴奋的情绪中，感受亚热带城市的风云变幻，体会自然的伟大。而包头的行程，同学们更多地认识了草原的广阔和北方人的热情。

再次回到北京，学生们，特别是外地学生们，在众多学院导师、实践导师的见证下，在中央美术学院这个中国艺术教育的殿堂，完成自己人生中重要的阶段性成果汇报。

在经历了这一切以后，我相信，同学们得到的不仅是专业知识上的提升，他们的自信，他们的自豪感，恐怕远远比看上去来得重要。

对于组织者而言，行程的安排也许只是整个过程中微不足道的组成，其他如实践导师的聘请、知名企业的参与、专业学会的介入，以及境外学院的加入，无不体现着组织者细致入微的态度。

能参与到这样的课题当中，感觉到骄傲的同时，也倍感责任的重大，希望在未来的活动中，加倍努力，为这一课题作出自己的贡献。

刘莎莎

青岛理工大学艺术学院

2014 年 6 月

设计教学要审美与艺术先行动

  2014 中国建筑装饰卓越人才计划奖暨第六届"四校四导师"环境设计本科毕业设计实践教学课题项目活动，于 5 月 26 日在中央美术学院美术馆报告厅圆满结束了。这次教学活动院校构成为：以中央美术学院、清华美院、天津美院和苏州大学所组成的"四核心"院校；以山东师范大学、吉林艺术学院、青岛理工大学和内蒙古科技大学所组成的"四基础"院校和以东北师范大学、山东建筑大学、广西艺术学院和沈阳建筑大学所组成的"四邀请"院校；另外今年还有一所匈牙利艺术学院也参加了这次活动，共计 13 所院校、30 多名指导教师、近 60 名学生、4 家实践企业参加了本届教学活动，平均下来几乎每两个学生就配一个导师，真可谓阵容强大、豪华版的师生组合。

  经过近 3 个月的辛苦奋战，50 多名学生几轮的分析汇报，与 30 多位导师（包括教学责任导师和社会实践导师）的悉心点评指导，整个过程可以说不仅是参加活动的学生受益匪浅，而且每个指导老师也收获颇多，这是这几届活动过来每次都有的同感。不同院校教学背景不同，显现出的差异性也很大，可活动中通过互动指导与交流、导师的指导与同学们之间的相互影响，学生们提升都很快，最后的成绩也是令人满意的。但在欣喜之余不免也有许多反思：记得王铁老师在一次感言中对院校的责任导师提到："合理组建艺术院校教育背景与工科院校教育背景、文科院校教育背景的构成关系，始终不能忘记自己的教学工作是美术院校，审美与艺术在前，工学与技术在后，建立良性的教师框架是办学特色的体现。时刻提醒自己，更不能忘记所面对的学苗群体，培养的目标是大艺术概念下的特色设计人才……"之所以提起王老师这些话，是因为在汇报与辅导过程中，这方面让自己感触深刻，感到工科院校尤其自身所在院校存在着很多欠缺，审美修养与艺术表现都需大幅提升。仅从一个简单的 PPT 呈现，不单单看其画面美感与否、构思与手法巧妙与否，还是一个学生对平面的控制有能力与否，更是透过表象知道他（她）自身对审美与艺术的综合把控能力和对项目认识能力的直接体现。

  审美是指对美的认识。如果对美的认识是模糊的，就会出现不知道什么是美、什么是不美和知道什么是美但不知怎样才能做到美。那么我认为后者还是简单和有希望的，是可以通过外力的帮助和自身的努力来达到提升的，至于前者而言难度就很大。这里简单对"美"而言就是：好看的、清晰的、可以欣赏的、完美的，更有综合之意；对"艺术"而言就是：独特的、新奇的、巧妙的，更具创造力之意。

  所以我拿审美与艺术当话题讲，是因它直接反映出学生对设计项目认识的综合完整性、解决问题的巧妙创新性及显现出可欣赏的美感性。审美能力的培养在于它对综合美的形成，其不只体现在单一的层面上：生活中，它体现在对人的言行仪表的成形与修正、体现在对外界事物的认知与评判、体现在对兴趣爱好的选择与投入等；在专业设计上，它体现在对事前调研中明确的目标性、体现在对项目自身特点把控的综合性、体现在对 PPT 报告中分析的清晰性、体现在平面设计中的美感性、体现在方案呈现的生动性，以及体现在对设计项目的综合性、统一性与完整性的实现都至关重要。艺术培养可以锻炼学生对事物认知的敏锐性与独特性，在生活与学习和工作中达到品位的提升与奇思妙想和求知欲的生成及自信心的形成和独到艺术思维的培养。

  当然我着重谈了审美与艺术的重要性，但不代表我忽视工学与技术的重要，它更是让美的艺术品得以实现的强劲支撑力，这里指审美与艺术先行是希望能实现这些并存的大艺术概念，面对教育背景差异甚大的学苗群体与教师团队，现在看来更显得正确和尤为重要。

  "四校四导师"教学宗旨是为学生创造最好的学习平台，把学生引导在正确的飞行跑道上，为他们实现美好的未来创造更多更好的机会；可是如果飞机的原始配置就相差过大，飞行前景相信也是可想而知的。面对新的起跑线，面对我们自身的不足，感到任重而道远；我知道这不是一朝一夕所能达到的，也不是一个人两个人能改变的，但我相信有这个愿望和责任心的教师是很多的，所以我愿意团结大家为设计教学的健康发展去共同努力。

韩军　副教授

内蒙古科技大学艺术与设计学院

2014 年 6 月　035

2014 "四校四导师" 活动感言

时间过得真快，今年的"四校四导师"活动圆满结束了。从紧张的开题、中期答辩到最后的结题汇报，回想起来，好像是在昨天刚发生的。

记得某届电影颁奖典礼上，冯小刚导演呼吁领奖嘉宾上台致辞时少说些客套话、感谢的话，多说些真实的感受。此话很有道理，可是相继上台的嘉宾还是忍不住，开场时第一句还是感谢的话。呵呵，我想这就是一种真实的感情流露吧！此时，我也忍不住了，也想说些客套话。首先感谢王铁教授，谢谢您的无私奉献，为我们环境设计专业搭建了如此高水准的学术交流平台，使大家受益匪浅。其次感谢张月教授、彭军教授及所有的学校、企业的各位导师，为我们的同学所作的精彩点评。最后还要感谢韩军老师，送上一句迟到的祝福，恭喜你"转正了"，套用王铁教授的话"协警转为正式警察了"，呵呵，开个玩笑，别介意。

在专业上我想说一点，那就是设计师对于设计过程的控制与把握，也可以理解为如何发现问题、如何解决问题。我认为这是学校设计教育的一个核心，这也正是我们所欠缺的。通过本次活动，我看到一些优秀院校在设计的前期调研、分析、概念的生成到最后设计表达，呈现出一个完整的逻辑关系，对于问题能够提出合理的解决办法。这是我在今后的教学中应该加以改进和提高的。

其实，发现问题的根本取决于前期调研、分析的深入程度，对项目的熟悉、了解以及对于甲方设计任务的解读，可以很好地找到设计的切入点，也就是我们常说的准备做成什么样。然后，针对所发现的问题，提出解决办法，包括艺术美学、工程技术等方面的内容。

今年是我第二次参加"四校四导师"活动，和自己的偶像能够如此近距离地接触交流，觉得是自己的一份幸运。还记得2002年在读大学的时候，为了完成自己的毕业设计，拼命地找资料。当看到王琼老师的昆山宾馆作品时，仿佛看到了希望，看到了自己想要的东西。呵呵，现在想起来觉得很好笑，可在当时，王琼老师就是我的偶像了。

最后，希望我们的"四校四导师"活动，在大家的齐心努力下越办越好。

任庆国

内蒙古科技大学艺术与设计学院

2014 年 6 月

"四校四导师"环境设计毕业设计实践
教学课题项目导师感言

　　今年山东建筑大学受邀参加中国建筑装饰卓越人才计划奖暨"四校四导师"环境设计本科毕业设计实践教学课题项目，感到非常荣幸。在历时3个月的毕业设计教学实践的过程中，我感悟良多，受益匪浅。回想这段实践教学的过程，可总结为如下几点：

　　一、这次实践教学的过程使我感到毕业设计实践教学模式成效突显。它的确是架起了环境艺术专业学生交流的桥梁，实现了各校学生与一流院校导师以及国内领军企业之间的零距离对话，搭建了一个人才培养模式的创新平台。来自不同院校的学生共享优质的教学资源，共同提高，以点带面辐射各校。所以说，本次"四校四导师"教学模式在促进人才培养质量提升方面发挥了极大的推动和示范作用。

　　二、本次活动使我体会到强化实践性教学并非简单的教学场地变换或名目更改，而是教学理念、组织方式、内容倾向、实施效果，以及优化机制的全面更新。开展实践性教学仍然需要关注案例的创新程度、学术价值以及代表性等。这就要求环境设计专业的学生具有极高的人文素质，具有丰富的情感，具有把艺术的、历史的、人文的情怀转化为具体的生活情境的才华与意志。毕业设计实践教学需要不断地从精神指向归于物质定位，从抽象原则转为具体物象，从宏观判断进入微观塑造的意识和能力。

　　三、这次活动中更令我感动的是看到了导师组主任和副主任导师甘于奉献，严谨治学，在人才培养与实践教学改革与探索的道路上砥砺前行的精神；也看到了几家一流企业对人才培养的鼎力支持和对环境设计教学的期待。

　　四、本次活动我们的学生是最大受益者，他们的毕业设计方案得到了一流高校导师和著名企业导师的指导。另外，在这3个月里和一流院校的同学共同开题、共同做设计、共同答辩、共同提高，展示了自我，建立了专业方面的伙伴关系。最幸运的是，这些学生得到了进入了一流企业工作的机会。

陈华新　教授

山东建筑大学艺术学院

2014年6月　037

感恩着、感动着、学习着、期待着……

2014 年，于我、于我院师生，是幸运的一年。因为这一年，我们有幸受邀参加了第六届"四校四导师"项目和相关活动。回想 3 个月来的点点滴滴，除了对于组委会各位前辈的感恩和敬意，别无他顾。

"四校四导师"环境设计本科毕业设计实践教学课题已经成功举办 5 届，在社会上引起广泛关注，带来设计教育界实践教学改革的一股新风。2014 年伊始，它又以"4+4+4"的崭新模式面世，由 4 所核心院校、4 所知名基础院校、4 所知名合作院校和 1 所境外院校参与，并邀请了 3 家国内建筑装饰知名企业，共同完成了 1 次开题答辩、2 次中期答辩、终期答辩及颁奖仪式各项活动。这项活动，不仅实现了师生与领军企业之间的零距离对话，为学生创造了与名校学生、实践导师以及国内外著名导师面对面交流的机会；也打破了校际间的壁垒，也为各地的教师们相互切磋、探索、研究环境设计专业人才培养搭建了平台。

其间，我和我的学生第一次感受到了这项活动的巨大正能量，目睹了业界知名的教授和设计师们的风采，经历了"南征北战"的旅途辛苦及碰撞交流后提高、感悟的喜悦。记忆中不仅仅是各位教授的敬业精神和有力鞭策，印象尤深的是主办方、赞助企业家们的辛苦付出和拳拳爱心，令在座的年轻学子徜徉在一次次高端的跨界学习和交流盛会中，流连忘返，以至于挥泪告别、难分难舍，结下了终生的友谊，留下一生难以磨灭的美好回忆。

活动圆满结束了，脑海中满满的都是感动的画面，心里满满的都是感恩的话语以及自发自觉的学习紧迫感，还有对于来年相聚的期盼、对于毕业生的期许和祝福。

未来的一年，我们一定会时常忆起那一起度过的短暂而充实的 5 次活动的点点滴滴，在辛苦的旅途中、在尖锐的批评指正声中，师生们不断地调整、进步，共同成长。从选题的理论高度和文化深度、整体方案的逻辑分析，到 PPT 的图文表达、设计规范与环境细节的提升、方案表达的技法等，我们有幸得到各校导师的交叉指导，不断雕琢、完善，直到展现出较完整、唯美、创新的毕业设计方案。

也许，第一次的参与，我们的视野还不够开阔、成果还不够丰硕，但是我们深知经历的过程才是最宝贵的财富，最重要的是在与其他院校师生的交流过程中开拓眼界、认识自己、取长补短。借此机会，让我们寄语各位毕业生，在未来的职业生涯中永远保持对设计的热爱、对梦想的追求，不忘初心，精益求精，定能走出一条属于自己的路。

再次祝福"四校四导师"环境设计本科毕业设计实践教学课题活动，能够不断带给我们惊喜，带给我们新的知识、体验和感悟，让我们期待来年更大的丰收。

薛娟　副教授

山东建筑大学艺术学院

2014 年 6 月

学会思考，做"乐之者"

转眼间2014第六届"四校四导师"活动已在这个初夏时节落下帷幕。本届活动有了中国建筑装饰协会颁发的红头文件，"四校四导师"活动也正式冠以"中国建筑装饰卓越人才计划奖"的名头，用王铁教授的话讲就是"终于有组织了"，真是令人喜悦与振奋。

回想本届活动从选题到终期答辩的整个过程，来自全国12所院校的环境艺术设计专业的56名学生带着自己的毕业设计，从3月初到5月末，游走于3座城市，4所院校，共经历4次汇报，最终收获了进步与喜悦，他们的笑容无疑是本届活动成功的证明。

苏联著名教育家赞可夫曾说："教会学生思考，这对学生来说，是一生中最有价值的本钱。""四校四导师"活动正是做到了这一点。活动中，导师面对12所院校56名学生存在的个体能力的差异以及专业方向的差异，以包容的心态对每个学生进行指导。某种意义上讲，导师的作用就是向学生提出有针对性的问题，并引导学生思考，引导学生如何去思考。学生通过对提出的问题反复思考，寻找合理的方法解决问题，这个过程正是学生学会思考的过程。

此外，"四校四导师"活动为学生提供了一个主动学习的平台。学生在活动中，可以向各院校的学生学习，取长补短；可以向各院校的导师学习，夯实专业基础；还可以向企业实践导师学习，丰富社会经验。这种三合一的教学平台，为学生提供了庞大的信息量，极大地激发了学生学习的欲望。正如孔子所云："知之者不如好之者，好之者不如乐之者。""四校四导师"活动使学生在专业知识、社会实践面前成了主角，善于思考，主动学习，成为"乐之者"。

参加"四校四导师"活动的学生，经历这3个多月的磨炼，学会思考，面对问题勇于思考，这些学生一定会在走向社会后在机遇竞争中占得先机，祝前程似锦！

刘学文　教授

东北师范大学美术学院

2014年6月

这是一场"中国好设计"的旅程

2014"四校四导师"活动已圆满结束了。本届活动共 4 次答辩，分别举办于 4 所院校，清华大学美术学院—广西艺术学院—内蒙古科技大学—中央美术学院，全部行程超过 15000 公里，其中有辛苦也有收获。在终期答辩时，看着学生设计的累累硕果，不禁感到欣喜，行程的劳顿瞬间消散。学生是"四校四导师"活动实践的主体，学生的成长是活动成功的关键。这正应了"一切为了学生"那句话。

初春 3 月，学生带着对专业的执着与对未来的憧憬，来到"四校四导师"的平台进行学习交流，在这个舞台他们尽情展示自己的才华。学生的热情与执着打动了在场的每位导师。"四校四导师"活动打破了各院校间的壁垒，在各院校学生、各院校导师、实践导师之间架设起桥梁，可以使学生在这个平台上深入交流，取长补短。短暂而充实的三个月过去了，再过一个月，这些学生将纷纷走出校门，进入社会。相信"四校四导师"的活动经历会成为学生心中值得回忆的篇章，"最后一次浪漫"的经历会鼓舞学生去面对社会压力，执着专业梦想。

想起开题答辩的时间正逢《我是歌手》节目进入决赛阶段，学生在火车上聊起这个节目，气氛火热，其中，"学员"与"导师"等关键词频出，我不禁插话进去："节目里的学员参加的是我是歌手，你们将要开始的是'我是设计师'的旅程。"

祝各院校学生能在今后的旅程中乘风破浪，勇往直前。

阚盛达

东北师范大学美术学院

2014 年 6 月

千里之行，始于足下

　　2014 年 5 月 28 日我带着不平静的心情回到了南宁，记得那平静不下的心更多的是激动和感激。自今年年初受到王铁教授邀请，广西艺术学院第一次有幸加入到第六届"四校四导师"环境设计本科毕业设计实验教学课题，有机会与国内一流的艺术类高校同台交流和学习。从 2014 年 3 月 15 日，第六届"四校四导师"环境设计本科毕业设计实验教学课题暨 2014 第六届卓越人才计划奖开题仪式在北京清尚集团成功开启，到 4 与 5 日（南宁站）在广西艺术学院和 4 月 26 日在内蒙古科技大学（包头站）分别 2 次中期答辩，再到 5 月 26 日在北京中央美术学院终期答辩成果展出和颁奖活动的完美落幕。历时 107 天的第六届"四校四导师"环境设计本科毕业设计实验教学课题活动也告一段落。

　　感谢中央美术学院王铁教授、清华美术学院张月教授和天津美术学院彭军教授，是他们多年的不懈努力和想为中国高等院校设计教学做点事的初衷，共同创立 3 + 1 名校教授实验教学模式："四校四导师"国家级品牌实践教学平台。今年在这个实践教学平台上，早已没有了学科与院校间"壁垒"的 12 所高校，实现不同教学背景和办学基础的院校彼此分享教学资源和经验；更是名校名师治学方法和学校间不同办学理念和办学特色的一次高水平展示。业内一流企业设计师、管理者带来的丰富实践经验加入到实践指导教师行列，焊牢了这块国家级品牌实践教学平台的质量和深度。6 年来，这个实践教学平台不断推陈出新，自我完善，走向成熟。

　　我们从一个远距离的观察者到近距离参与者的角色转变，有感在这个实践教学平台里学到的东西太多，从实践教学平台的建构策划，到校企间的深度合作；从初始北京及周边的几所高校联合，到今天辐射全国东西南北 12 所不同教学背景和办学基础的院校联合教学模式，其影响力之大，为当代中国高校设计教育模式改革探索与实践的先锋和翘楚。它能让你看到当今中国最好的教育机构的办学理念和名师的治学思想，以及榜样的作用是如何激励学子们的；它能让你看到当今中国高校设计教学模式下最有活力和创造力的师生们；它能让你看到为中国教育的明天作出无私奉献的各校导师们最真实的一面；它能让你看到当下中国一流建筑装饰企业对教育事业的投入、参与和坚持；它更能让你从纵向到横向里看到自身的不足和希望，更明确了自身的教学目标和定位。在这样的大环境和大背景下，学生的视野和设计能力在开放和互动的教学实践中得到了很大的提升，学生最大的收获莫过于自信心的提高。

　　设计实践教学探索是无止境的，须一步一个脚印地走过来，"合抱之木，生于毫末；九层之台，起于垒土；千里之行，始于足下。"希望参加这次"四校四导师"的全体同仁为设计实践教育坚持到底，共同撑起中国设计实践教学的明天。祝愿参与本次活动的毕业生们用你们永无止境的活力和创想力去创造属于你们明天的精彩人生。

陈建国　副教授

广西艺术学院建筑艺术学院

2014 年 6 月　041

梦想的里程碑

今年,我有幸代表沈阳建筑大学设计艺术学院,带领 2010 级优秀学生张弘、华峥等参加了为期 3 个月的"四校四导师"活动,与国内 12 所优秀高校师生一起完善、完成教学和设计作品,并取得一定的成绩,这也是我从教二十几年来的全新体验。

"四校四导师"活动是环境艺术设计专业高水平的竞技舞台、交流平台,汇聚了全国 12 所优秀院校的优秀教师及学生,以及国内 4 所极具影响力的设计企业。这种校企联合,各院校知名导师交叉面对指导学生的模式极大地激发了学生的积极性与设计潜能,开拓了眼界。

在这短暂而充实的 3 个月中,作为指导老师,我看到了学生能够将大学 4 年所学知识融会贯通,稳步、扎实并且有计划有步骤地独立完成毕业设计,见证了他们在这个大舞台中每一次交流所取得的进步,发现了他们不断完善自身的不足并挖掘自身的价值,一次次地超越自我并最终建立起专业的自信心,这个过程是令人欣喜和激动的,是一个梦想的里程碑。

2014 年"四校四导师"活动已圆满结束。感谢这次活动为老师和学生提供的共同交流和进步的平台。最终的成绩与结果固然重要,但我认为更重要的是,我们的学生在校园生活即将结束之际,在走向社会前的最后一刻,终于可以自信地说出来:我们准备好了!

孙迟 教授
沈阳建筑大学
2014 年 6 月

成　　长

无论对老师还是学生,能够参与到"四校四导师"实验教学联合指导环境艺术毕业设计的活动中来,都是一件幸事。感谢活动组委会和承办单位能为广大师生提供这样一个打破壁垒、学习交流和展示自我的优质平台。

从报名到参赛,短短几个月的时间内,不仅仅是一件件设计作品日臻完善的过程,更是同学们感受心的成长的最好见证。望着修改了无数次的方案,相信每一位同学的心情都无法平静。

勇于挑战,超越自我,旅途的奔波疲劳、课题设计记录着学生们的艰辛和快乐;过程中的驻足迷茫、成功喝彩见证了学生们的挑战与成长。通过"四校四导师"的活动,学生们看见了这一方天地以外不同的色彩,来自不同地域院校的同学们,带来了那么多的新鲜与意外。每一次方案汇报的紧张,每一位导师的精彩点评,都让学生们受益匪浅。北京、南宁、包头,旅途中的点点滴滴,成为每位同学一生中难以忘怀的宝贵财富。

通过这次"四校四导师"活动,相信每一位参与的学生,都能够从全新的、更高的视角去品味每一次设计,真真切切地感受到设计工作的神圣与快乐。但愿每一位同学都能够在设计的道路上绽放出最美丽的花朵。

冼宁 教授
沈阳建筑大学
2014 年 6 月

教学活动参与感言

2014 年第六届"四校四导师"环境设计本科毕业设计实验教学课题活动圆满地落下来帷幕。这是我第一次参加这项实践教学活动，我们全体师生经历了开题、两次中期汇报和最终的结题汇报；分别经历了北京、广西、内蒙古三地的行程，有太多的体验和感想、有太多的对很多陌生的事情和价值观从认识到熟悉、到接受、再到改变的过程。这无疑对每一位参与者，无论是老师或是学生都有着十分重要的意义；甚至对学生未来人生和发展都有着至关重要的作用和意义，我作为一个参与者感触很深。

教学是一项充满爱心、责任感和使命感的事业，在"四校四导师"的实践教学活动中我深深地感受和体会到这一点。这项活动的几位发起人中央美院的王铁教授、清华美院的张月教授和天津美院的彭军教授的创意和构想使这项实践教学活动成为本科院校教学方式的一个新的动力点。这种实践教学模式有效地结合了名师、名校和知名企业的资源，并引入了实践导师。使参与的学生有机会共享这些最优质的资源，开阔眼界与改变思路，相互学习、相互交流，共同进步。

设计教育形形色色，参差不齐。加之商业社会的某些浮华不实的误导，使得很多学生甚至老师在设计理念上有所偏差。设计作品华而不实，没有自己的特点，不符合实际生活的本质需求。商业包装使某些作品误成榜样，学生不易明辨是非，缺乏相应的分辨能力。所以教学过程中的方向确立对每个学生都十分重要。学校教育教学的各种局限性在学生们的作品中很明显地显现出来；教育的地域差别也十分明显。开题报告的交流，问题层出不穷。尽管学生们很努力，问题还是很多的。我想大家其实并没有期待多么成熟的作品，在这个阶段只希望同学们有一个正确的方向。方向对于任何设计师而言都是非常重要的，这就要求在学生时代每个学生都能接受正面的引导与启发，学会用正确的方式思考和学习。两次中期汇报同学们一点点地改变，学生中比较优秀的作品给大家很多启发，交流让所有学生有机会重新看待自己和自己的作品。实践导师们在多年实践中总结的经验可以以最直接的方式教给学生们，使学生们的设计更具有实施性，而不仅仅是只能纸上谈兵的理论。老师们在学生汇报时认真的评价和积极、真诚的指导，我想对每个学生来说都是一次心灵的洗礼，教与学之间的互动让所有的师生都收获很多。我们更加觉得身为教师的职责是多么神圣，今后会更加努力，身为好的榜样，严谨求学，严于律己。

6 年的辛苦历程，我想每位参与的师生回忆起来都会觉得无限的温暖和难忘。今年这一盛况吸引了更多的同仁。匈牙利佩奇大学也对这个实践教学课题很感兴趣，并带学生参与了终期汇报，两国之间的、院校之间的交流初步形成了。这无疑是双方相互学习交流的好的开端。王教授和大家的爱心奉献使更多的年轻人受益，这可能是教育的魅力吧，更是学者们爱心的传承。

曹莉梅　副教授
黑龙江省建筑职业技术学院
2014 年 6 月

四校活动感言

    本次实验教学课题我尝试用个性化的教学方法针对每一位学生进行辅导，方法是建立设计逻辑框架，基于学生本身的条件展开沟通，了解学生构思过程及设定好的架构。再针对方案设计出现的实际情况，选择可行的方式进行梳理，讲解相关理念和可持续发展下的当代城市设计理念，在设计过程中我们的学生表现的是未来欧洲城市建筑的发展趋势。通过与学生展开一系列的探讨，在全体学生共同努力下，努力工作完成好实验教学课题项目，达到实验教学课题要求，同时解决了一些建筑设计和城市设计方面的新问题。

    最重要的是我们找到了当代建筑与社会的契合点，我校选题地是位于布达佩斯某街道的传统建筑与环境改造设计。我们收集了大量的现场实地素材，深入了解了这里的建筑发展历史，为完成设定的"绿色建筑"设计课题奠定了坚实的基础。我们用特殊的设计语言嫁接当代建筑与未来设计发展的架构，融入低碳环保理念的规划与设想，构建大都市有序发展的未来。本次实验教学活动我们体会到，多参与交流是增进学生进步的机会，总之，我们学到了很多中国大学教学方面新鲜的方法，感受到中国年轻学生对于建筑的新理解，我非常感谢学生们的努力。

高比　博士

匈牙利佩奇大学 PTE 学院

2014 年 6 月

2014 中国建筑装饰协会卓越人才计划奖

暨第六届"四校四导师"环境设计本科毕业设计实验教学课题

新闻发布会

主　　题：2014 中国建筑装饰协会卓越人才计划奖暨第六届"四校四导师"环境设计本科毕业设计实教
　　　　　学课题开题汇报

时　　间：2014 年 3 月 15 日 09：00

地　　点：北京清尚环艺建筑设计院学术报告厅

参加人员：

协会领导：　　李秉仁　　中国建筑装饰协会会长

设计企业：　　吴　晞　　北京清尚环艺建筑设计院院长
　　　　　　　石　赟　　苏州金螳螂建筑装饰设计研究院副院长
　　　　　　　李伟臣　　北京港源建筑装饰设计研究院院长
　　　　　　　李　卓　　深圳广田装饰集团股份有限公司人力资源部部长

课题组主任：　王　铁　　中央美术学院教授、中国建筑装饰协会设计委员会主任

课题组副主任：张　月　　清华大学美术学院教授、环境艺术设计系主任
　　　　　　　彭　军　　天津美术学院教授、设计艺术学院副院长
　　　　　　　潘召南　　四川美术学院教授
　　　　　　　王　琼　　苏州大学金螳螂建筑与城市环境学院教授

室内设计组：　段邦毅　　山东师范大学教授
　　　　　　　齐伟民　　吉林建筑大学教授
　　　　　　　刘学文　　东北师范大学副教授
　　　　　　　韩　军　　内蒙古科技大学副教授

景观设计组：　谭大珂　　青岛理工大学教授
　　　　　　　陈华新　　山东建筑大学教授
　　　　　　　冼　宁　　沈阳建筑大学教授
　　　　　　　陈建国　　广西艺术学院副教授

陈设艺术组：　王学思　　吉林艺术学院教授
　　　　　　　曹莉梅　　黑龙江省建筑职业技术学院副教授

课题组秘书长：刘　原　　中国建筑装饰协会设计委员会秘书长

教务管理：　　唐　旭　　中国建筑工业出版社艺术设计图书中心副主任

课题院校：　　13 所院校师生

媒体支持：　　《中国建筑报》、中装新网、环巢网、中国建筑装饰（会刊）、《中国建筑装饰装修》杂志、《家饰》杂志、
　　　　　　　深圳都市频道《第一现场》、《深圳商报》、《深圳特区报》、《晶报》、《南方都市报》、搜狐网《南方日报》、
　　　　　　　搜狐焦点网、新浪网等媒体对此活动进行报道；
　　　　　　　中华室内设计网中华室内设计网，进行全程跟踪报道。

主持人　彭军教授：

尊敬的中国建筑装饰协会李秉仁会长、各位来宾、新闻媒体朋友、全体课题组导师和同学们，大家上午好！中国建筑装饰卓越人才计划奖暨2014"四校四导师"环境设计本科毕业设计实验教学活动新闻发布会现在开始。

"四校四导师"环境设计本科毕业设计实验教学活动已历经五届，成功地完成了每一次的教学计划，得到中国建筑装饰协会、相关院校、设计企业，以及全体课题组师生的一致好评，受到了各参与院校主管领导的认可，为中国环境设计专业教学提供了具有创新性的教学模式，取得了丰硕的教学成果。

2014年"四校四导师"实验教学活动迎来了第六届，在名校、名企、名师共同努力下，课题成功地走过了5个年头，是值得为之而付出的探索模式，是高校设计教育与知名企业建立资源共享理念的成功尝试，是中国高等教育设计教育中的创新模式，是实验教学在新形势下又一次挑战。

5年来共有12所院校参加了实验教学的课题平台，共计指导了230名本科毕业生，先后投入了近30名教师参加课题组，得到了关心设计教育的行业协会和相关用人企业的好评，课题从多角度丰富了华夏设计教育国库，成为有价值的可实现的案例，相信今后该项活动将成为中国高等教育教学在资源与实验上的可行性探索模式。

参加本届实验教学课题的院校共13所，它们是：中央美术学院、清华大学美术学院、天津美术学院、苏州大学、山东师范大学、东北师范大学、内蒙古科技大学、青岛理工大学、山东建筑大学、沈阳建筑大学、吉林艺术学院、广西艺术学院、匈牙利佩奇大学。

首先介绍一下出席今天活动的嘉宾和导师，出席今天活动的有：

中国建筑装饰协会会长李秉仁先生；

课题学术委员会主任、中国建筑装饰协会设计委员会主任、中央美术学院王铁教授；

清华大学美术学院环境艺术设计系主任张月教授；

四川美术学院潘召南教授；

苏州大学金螳螂建筑与城市环境学院副院长、苏州金螳螂装饰股份有限公司设计研究总院院长王琼教授；

山东师范大学美术学院环境系主任段邦毅教授；

东北师范大学美术学院环境艺术设计系主任刘学文副教授；

内蒙古科技大学韩军副教授；

青岛理工大学设计艺术学院院长谭大珂教授；

山东建筑大学艺术学院院长陈华新教授；

广西艺术学院美术学院院长助理陈建国副教授；

吉林艺术学院环境艺术设计系主任王学思教授；

黑龙江建筑职业技术学院曹莉梅副教授；

课题组秘书长、中国建筑装饰协会设计委员会刘原秘书长；

实验导师组组长、北京清尚环艺建筑设计院院长吴晞先生；

苏州金螳螂装饰股份有限公司设计研究总院副院长石赟先生；

北京港源建筑装饰工程有限公司设计研究院院长李臣伟先生；

中国建筑工业出版社艺术设计图书中心副主任唐旭先生；

以及不远万里来到中国参加本次教学活动的匈牙利佩奇大学 PTE 学院外事主任高比教授和建筑系主任阿考什先生。

下面请大家以热烈掌声有请中国建筑装饰学会会长李秉仁先生致辞。

李秉仁会长：

尊敬的各位嘉宾、各位朋友、各位老师和同学，大家好！非常高兴大家来到清尚参加中国建筑装饰协会卓越人才计划奖暨 2014 "四校四导师"环境设计本科毕业设计实验教学的开题仪式。感谢赞助企业与各院校的老师们对活动大力支持和帮助。

中国建筑装饰行业发展应该说是得益于 35 年前的改革开放，得益于 35 年来经济的飞速发展，得益于快速的城市化进程。这 35 年来，我们造就了一个庞大的体系，2012年我们建筑装饰行业的年产值是 2.63 万亿，去年 3 万亿，较前年增加了 30%。我们的一些领军企业增长率都比较高，至少超过 20%。这样一个产业对人才的需求是显而易见的。

李秉仁会长致辞

建筑装饰行业产业和建筑专业是联系在一起的，我到协会工作这几年发现，我们现在的室内设计师，绝大部分都不是建筑专业出身，而是美术学院和数量有限的工学院校、环境艺术院校培养出来的学生，他们的专业方向实际上和建筑系培养的学生有相当大的差别。建筑师考试是以土建为基础的，这显然对环境艺术专业和美工美术专业的毕业生们来说很难。所以我们也在研究讨论，在编制自己教材，希望能够从室内设计工程和室内设计等专业角度来研究问题。

中国建筑装饰协会在推动中国建筑装饰行业设计人才培养方面应该说是作了很大的努力，我们也举办了很多活动，意在加强设计师之间交流合作，加强院校、企业之间交流合作，并取得了一些成绩。但是，对于我们这个迅速发展的行业，人才的需求还远远没有得到满足。

为了推动高校人才培养和企业人才需求的紧密结合，提高中国高校室内设计教育水平，我们也在不断地探索并举办一些活动。比如像我们的"四校四导师"活动已连续举办了五届，今天是第六届，学生在实践方面、在教学方面应该说是颇有收获的。刚才我和吴晞院长聊了件事情，这些年取得很好成绩，特别是在企业和院校之间的沟通和交流、学术的实践方面确实很有收获，我很期待我们这样的活动能够不断地发展，不断创新。

我有时候讲，人要提高自身的能力或者加强能力建设，应该怎么做？一个是学习，一个是实践。学习当然主要以学校为主，实践以社会活动为主，学生到企业中去实习，你会了解到企业的需求、业主的需求，这显然是对于在学校学习以外的很好提高的机会。我们在座的各位老师很辛苦，希望我们参加这次活动的同学们，你们要珍惜这个学习的机会，不断提高你们的自身水平，并在毕业后能够尽快进入优秀设计师的行列，谢谢各位！

主持人　彭军教授：

非常感谢李秉仁会长的寄语，如果说"四校四导师"这个活动前五届是由老师、社会同仁共同努力的教学活动的话，从第六届开始已经提升成为中国建筑装饰协会的一个核心的活动，在此感谢李秉仁会长的支持，还有吴晞老师，包括王铁老师这一段时间以来对课题活动的辛苦付出。

下面有请课题学术委员会主任王铁教授介绍课题活动及协会相关文件。

王铁教授：

尊敬的李秉仁会长，刘原秘书长，各位老师，各位同学，大家早上好！刚才李会长一席话给了我们很大的鼓励，这种寄语我们将会作为动力在未来更加努力地构建企业与院校之间的课题研究桥梁，非常感谢李会长，让我们再一次以热烈掌声感谢协会对我们活动的大力支持。

在过去的 5 年里，中国建筑装饰协会一直在支持我们的课题研究与实践活动，特别是 2013 年的年末，我们课题组迎来了"四校四导师"最辉煌的时刻，由协会秘书处通知我们"四校四导师"课题组，肯定了 5 年来课题成果并下发了红头文件，这是非常振奋人心的大事。

回想过去的 5 年，课题最初是我和张月老师商定并邀请彭军老师共同创立的，我们以个人自由发展为目标达成共识，要为中国设计教育做点事。经过几年的努力，课题逐步发展成为由行业协会牵头的高校与企业之间互动桥梁，我们有信心并将继续努力向下一步目标前进，那就是申请教育部的社会科学基金课题。我们每年都会用大量的时间和精力作课题的总结，所以说我们的国家课题资料，也就是大家现在手里拿着的文件，《关于中国建筑装饰卓越人才计划奖暨"四校四导师"环境设计本科实践教学课题的通知》，是非常翔实的，这就是动力源头。

我把文件前面简单说一下，相信参加这个课题的人都会感到非常的荣耀。各省、直辖市、自治区的建筑装饰协会、解放军建筑装饰协会各有关单位，国家发展的重中之重是建立可持续性人才发展战略，在相关政策和精神鼓舞下，各行各业有条不紊地实施培养卓越人才计划，中国建筑装饰协会自 2008 年底与中国重点高等院校合作举办环境艺术学科创新实验教学的平台，开展中国建筑装饰卓越人才培养计划"四校四导师"环境设计本科毕业设计实践课题。活动已成为全国建筑装饰行业设计界的年度例行活动，得到了全国范围内广大的设计机构、企业以及各行各业的同仁的广泛认可和高度信任，为促进设计行业的可持续发展发挥了桥梁作用，见证了行业牵头，校企结合的可持续发展，打破了院校间的壁垒，为培养企业需要的合格人才奠定了基础，并得到了广泛的认可和好评。5 年来课题实践导师都是来自全国装饰企业的 50 强，实践导师们在整个课题活动中发挥的作用，实现了中国建筑装饰协会设立该课题的目标，这个也是协会对我们的肯定。

5 年来，课题组先后完成了由中国建筑工业出版社出版的 5 套书，实际是 7 本，出版后得到了参与院校、行业以及广大师生学生的认可，这为课题组继续完成后 5 年的"四校四导师"活动坚定了信念。

现在我把 2014 年度中国建筑装饰协会卓越人才计划奖暨"四校四导师"环境设计本科毕业设计实践教学活动相关文件发给大家，请具备条件的单位积极参与，如果大家有什么问题或建议，欢迎大家提交中国建筑装饰协会设计委员会课题组。

课题从我们几个教授自由的结合到最后形成一个规模，能够给各个支持企业的用人单位很好的一个答卷，是我们这个课题活动的重要目标之一。希望今后的 5 年，协会能够在李秉仁会长的领导下，更好地完善这部分的工作。目前在中国的建筑装饰业行业甚至设计行业里都还没有像我们活动中这样的板块，这也是中国建筑装饰协会的大胆尝试。把院校作为一个主体，院校是进口，出口在哪？出口是给企业培养人才，协会有这么好的方向，我们会更加努力。在此我对协会领导和相关企业表示再一次感谢，谢谢大家！

主持人　彭军教授：

谢谢王铁教授，此时忽然有一个感慨，"四校四导师"教学活动终于有组织了。可能第一次参加这个活动的同学们对此还不会有很深的感受。参加过这个活动的老师们一定知道，这是一个特别上档次的教学空间，特别这次开题汇报是在清尚设计院，吴晞老师为我们提供了一个高层次的教学平台，下面有请吴晞老师致辞。

吴晞先生：

尊敬的李秉仁会长，刘秘书长，来自全国各地的老师们同学们大家上午好！首先我代表清尚设计院对大家不远千里来到这里参加这个教学和企业互动的活动表示热烈的欢迎。

"四校四导师"到今天已经是第六届了，从 4 个学校的老师靠着各自的教学热情发起，到去年已经有 11 所学校加入，培养了大批毕业生。今年已经有 13 所院校加入，我觉得活动本身是非常有意义的。

我认为这个意义是双向的，首先对于学生，家长支持你们，你们辛苦求学，在临毕业时候能够有一个跨校际的课题交流，接受不同院校的老师的指导，这个机会非常难得。其二，有这么多重要企业的设计师包括企业领导和负责人，他们在产业平台上有大量实践经验，并愿意将这些成果分享给大家，这是非常难得的。另外对企业而言为什么有这么多企

王铁教授致辞

业愿意支持这个活动？有利益。他们希望在毕业生中选拔各自需要的人才。这条对同学来讲更为重要，在找工作可能遇到一些困难情况下，名企业敞开大门等待你们，当然你们需要在本次活动中有一份好成绩，需要竞争，这本也是非常有意义的一件事。

吴晞院长致辞

我去年参加了这个活动，了解到参与活动的众多老师们，放弃周末的个人休息时间甚至工作时间，去各地参加"四校"活动并给各院校的学生进行指导，这是一种特别崇高的教育责任感。参与活动的同学们也特别努力，有相当一部分同学的毕业设计具有很高的水平，这点超过了我的想象。

过去的很长一段时间以来，社会各界都在批评和探讨，说我们的高校为什么没能培养出更多的创新型人才。这个跟学校的教学方法有关系，高校，尤其是建筑设计专业的院校的教学，如果和实践没有紧密的联系，而仅仅是凭理论教育教出来的学生是难以适应市场竞争环境的。

这个活动本身比较早地让同学们知道了什么是市场、什么是客户、什么是课题要求。这个活动会教会你们在毕业后如何在企业做事，这既是社会的需要，也是你们成长道路中一个非常重要的非常有意义的活动。

在你们结束课题的时候，我们还有一个奖项，这个奖的规格非常高，并受到协会大力支持。参加活动的师生很多，组织来自全国各地的师生进行交流，工作量非常大，但是我相信通过老师们共同努力，我们"四校四导师"活动能够在过去办学基础上做得更好。

最后祝愿第六届"四校四导师"的活动能够成功地举办，谢谢大家！

主持人　彭军教授：

感谢吴晞老师的致辞。"四校四导师"的活动从本届开始由国内的领军企业金螳螂公司、港源公司、广田公司大力支持。

下面有请王琼老师致辞。王琼老师既是苏州大学金螳螂建筑与城市环境学院副院长，又是苏州金螳螂装饰股份有限公司设计研究总院的院长，几年来对我们的教学活动给予很大的资助。

王琼教授：

尊敬的李秉仁会长，刘原秘书长，还有各位导师，各位企业的一线优秀设计师们大家好！我1982年毕业开始从教，1992年帮助朱总组建了金螳螂设计院，在前年我们公司兼并收购了美国HB公司。其实我本人做教师的情节特别重，王铁老师常开我的玩笑，说我"从社会上又回来了"。这件事说明我们这个行业既然有理论性一面，又有实践性的一面，因为我们学科是应用型的。今年我们几位导师特别的高兴，我们有组织了、有靠山了，我相信这个活动会越办越好。希望在座的同学们珍惜这次机会，机会在哪？一个是一批非常有实战经验的一线设计师，另外一个是有各个院校的卓越的教师们，这两块结合就是国家提倡的卓越工程师计划。

王琼教授致辞

我们苏州大学从前年开始，作为国家的试点，努力试图通过双师制的这样一种模式，使我们的学生能够真正地提高设计能力和为客户服务的能力，所以我们对基地的调研、对素材的收集和提炼都非常有针对性，我认为只有这样，我们的学生跨出校门后才能够成为一个高水平的具有职业操守的设计师。

我知道参与活动的导师以及设计师们实际上都非常忙，大家愿意牺牲自己的时间，都是为了使我们这届毕业设计活动能够达到最好的效果。所以在这里同学们请以掌声感谢我们在座的各院校的导师和各企业的实践导师，谢谢他们！

主持人　彭军教授：

刚才王琼老师讲话特别令人感慨，清尚设计总院以及金螳螂集团、港源公司、广田公司等这些国内的核心的领军企业和它们的领军级的设计师直接地参与和支持这个活动，使我们的教学活动质量得以保证，在此我对这些企业再次代表师生表示感谢。

下面有请天津美院培养出来的杰出领导人，北京港源建筑装饰工程设计研究院李臣伟院长致辞。

李臣伟先生：

尊敬的各位领导，各位老师，各位同学，大家早上好！

今天在座这么多权威人士，关于这个活动的意义我就不多说了，这里我仅谈点个人的感想。看到这么多熟识的老师，还有这么多年轻的同学们，我感觉时光一下倒流了，仿佛毕业就在昨天一样。记得当初天津美院隔壁有一个很著名的寺庙叫大悲院，里面有一个很出名的和尚红衣法师，套用他的话表达我此时的心情，就是悲喜交集。悲的是当初我们毕业的时候没有这么好的机会、这么好的平台，四处奔走，很彷徨、很茫然。喜的是如今经过这么多导师努力，这个平台已经搭建成型并日益稳固，现在要逐步壮大了，这个应该说是件欣慰的事情。

中国有句老话，"前人栽树后人乘凉"，这个平台得来不易，要方方面面投入巨大人力和物力才能做成功，我希望同学要加倍珍惜这个机会，充分展现自己的实力。参加这个"四校四导师"活动的学校都是好学校，但是学生毕业以后还是要参加工作、要去企业，一个好的企业是什么？我的理解是一个好的企业像是一座银行，在这个银行里存放着每个同学的青春和梦想。我欢迎各位同学毕业以后来北京，来港源设计院来寄存自己的梦想。

最后预祝这个活动圆满成功，祝各位同学都能够在这次活动中取得好成绩，谢谢大家！

主持人　彭军教授：

非常感谢李臣伟致辞。本届"四校四导师"活动有匈牙利的佩奇大学参加，下面有请佩奇大学的阿考什教授致辞。

阿考什博士（匈牙利）：

首先我要借此机会感谢能够有幸受到本次课题组邀请，对于我的大学来说是无比荣耀的事情。我是匈牙利佩奇大学副院长，建筑系的系主任。

我来自欧洲的中心，来自匈牙利。匈牙利是一个非常小而美丽的国家，处于欧洲的心脏部位，匈牙利有1000多年历史，我们有1000万人，相对于北京来说是非常少的。佩奇是匈牙利南部的最大城市。佩奇是一座历史名城，是联合国教科文组织命名的世界文化遗产。

佩奇大学是匈牙利第一所国立大学，1367年时路易斯一世国王创建的，到现在已经有600多年历史，是欧洲7所最古老大学之一。学校里面有2600多个学生和大概2000多名国际留学生，语言教学的课程，有匈语课程、德语课程和英语课程三部分。

我们工程学院有本科建筑工程学，有建筑艺术学，有研究生和博士生，也是分文科和理科两部分。我们教学方式基于学生和老师之间的合作和交流，这是非常重要的，包括学生能够参与到像这种比较高质量和层次的项目当中去，学生们应该作好为工作的准备，作为学校教师我们非常高兴学生能够有这样的机会参与到中国的非常棒的项目当中来。

非常感谢！

主持人　彭军教授：

谢谢远道而来的佩奇大学的老师的致辞。下面有请中国建筑工业出版社艺术设计图书中心唐旭副主任致辞。

唐旭副主任：

尊敬的李秉仁会长，在座的各位老师、同学大家上午好！本来应该是我们的李主任来介绍的，我现在替他说几句。

"四校四导师"的教学实践活动得到了越来越多的院校的支持，可以说对我国的环境艺术设计专业的发展起到了一定的推动作用，这离不开王铁教授还有在座的各位老师的努力和奉献。

中国建筑工业出版社作为国家级出版社，从活动第一届开始就大力支持，以纸质出版物的形式把活动的过程和成果记录下来并传播出去，既是对活动的总结，也让更多的人思考我国的环境艺术设计专业如何发展。出版社会继续关注和支持这项活动，也希望"四校四导师"能够越办越好，谢谢大家！

主持人　彭军教授：

谢谢唐老师致辞，"四校四导师"从2009年到现在一路走来得到了中国建筑工业出版社的大力支持，李主任、唐旭老师，还有相关的工作人员为我们每一届的教学活动成果的出版付出了很多，再次表示感谢！

下面有请清华大学美术学院环境艺术设计系主任张月教授介绍"四校四导师"一直以来的情况。

张月教授：

李会长、刘院长、各位支持企业、各位老师、同学以及远道而来的佩奇大学的老师，各位早上好！

原来安排是想让我把整个"四校四导师"回顾一下，我刚才听了前面彭军老师主持的时候，已经把总结的全说了。

所以我想重复的话不再多说了，只把我自己的感受说一下。

确实我今天在这个会议大厅里感触非常多。回想最早的第一届，第一次的活动还历历在目，在我们清华美院一个教室里面，当时一个是参加的学校很少，某种程度上说第一次其实是非常偶发的一件事件，活动的方式更像是我们的一次课程交流。

到今天看我们在座的各位，参与的各个方面，比如说协会、企业还有我们的媒体、专业的出版机构，还有我们这十几所院校。今天最大的变化，一个是我们协会成为我们东家，我们有组织了。还有一个，是我们有国际的院校来参加了。

我感觉我们这个活动特别像一次长征，从一开始王老师、彭军老师还有我，我们带着十几个学生开始慢慢起步，一路走来，我发现不断有新的队伍加入，每一部分的加入都给我们带来很多新东西。我们会遇到不同的人，他们的视角同我们不一样。我们会通过不断攀登上到一个和原来不一样的平台。

6年来，课题活动确实不断发展壮大，不断扩展大家眼界，不断得到更强有力的支持。其实一件伟大的事情或者一件成功的事情不一定一开始就非常清晰，而是在开始的时候把第一步迈出去，继而不断地去努力，当然也需要不断地与外界的各种各样的人和事进行充分的交流，整合自己能够接触的各种各样的资源，事情就能够不断发展壮大。

我认为从这个趋势来看，我们这个活动在未来会做得比现在还要好。在这里我感谢今天到场的各位同仁，各位老师各位同学，谢谢大家！

主持人　彭军教授：

感谢张月老师对活动的简要的回顾和总结。尽管我也是导师组的成员之一，但是我想站在另外一个角度说，5年来这些参与活动的老师们，确实为学生作出很大贡献，这个活动利用业余时间，没有任何官方的褒奖，也没有任何的其他的获取，但是老师们仍会心甘情愿付出很大的心血。就像王老师说的，学校没有发股份，但是中国环境设计教育有股份，这个股份是精神的。

下面请青岛理工大学的谭大珂教授代表老师作一个致辞。

谭大珂教授：

尊敬的李会长、刘秘书长，尊敬的吴晞老师，尊敬的王铁老师，尊敬的各位导师同学们上午好。

今天确实非常激动，感谢王铁教授，感谢张月教授，感谢彭军教授。这个活动来源于三位教授的责任心、事业心以及爱心。在学会推动下几乎变成一种壮举，这种壮举打破了通常意义的院落与围墙，把大江南北各个学校同学和老师们变成温暖的家庭。

这个活动中给我们的不仅仅是专业交流，更重要的是心灵碰撞，以及我们可以从各自不同角度重新审视自己对社会的认识、社会责任的认识和对自己内心的认识。同时我们还需要感谢中国建筑装饰协会对我们活动的支持，确实像王铁教授讲的，找到了家、找到了支持，并且找到努力的方向。还需要感谢各位支持这个活动的企业家们。本身企业家也是我们这个行业的专家，在这个过程当中企业家变成行业的专家的时候，作为专业从业人员也好，作为同学也好，作为高校也好都是幸运的事情。在这三种感谢之下我个人的理解，或者是有一个祝福，祝福同学们能在这么一个伟大的平台上取得好成绩，也希望各位老师身体健康、工作顺利，希望活动圆满成功，谢谢各位！

主持人　彭军教授：

谢谢谭大珂老师致辞，作为学生有幸参加这个活动是非常幸运的，这是一个具有里程碑的活动，可能会对一个学生一生的追求和对社会的认识有一个根本性的改变。教师、企业包括这些长者给年轻学子提供这样的一个平台，为你们将来成才提供助推力，下面有请学生代表王维真同学致辞。

王维真同学：

各位老师、同学大家好，很高兴今天能够站在这里，作为学生代表发言。

首先，我要感谢我尊敬的导师王铁老师，感谢您给我们机会，感谢您对我们的严厉教导和鼓励。

其次，我要感谢今天在场的所有老师，感谢他们牺牲自己节假日休息时间，来为我们的毕业设计进行指导，感谢活动赞助的企业给我们搭建这样的高端平台，让来自不同学校、不同专业、不同教育背景、不同思维方式的同学们能够有机会聚在一起进行学术交流，在各位老师指导下对各自的毕业设计进行更深层面的思考。感谢在座各位设计团队的领军人物担任我们的设计实践导师，以他们多年积累的实践经验，为我们授业解惑，让我们在仰望的同时能够更加近距离接触他们，向他们学习，也让我们在毕业前认识自己的潜能，对未来充满信心。

参加这次活动的学生，我们一定珍惜来之不易的机会，在老师指导下将自己的优秀作品展示出来，为自己的大学生活画上完美的句号。再次感谢在座的各位老师、领导和设计师，亲爱的同学们，谢谢大家！

主持人　彭军教授：

下面进行第三项活动，有请李秉仁会长为课题组导师颁发聘书。

（颁发聘书）

新闻发布会圆满结束，最后是活动师生合影。

全体师生在清尚北京清尚环艺建筑设计院门前合影

李秉仁会长为课题责任导师王铁教授、张月教授、彭军教授及课题实践导师吴晞院长、李臣伟院长颁发聘书

课题组导师于清尚环艺设计院门前合影

2014 中国建筑装饰协会卓越人才计划奖

暨第六届"四校四导师"环境设计本科毕业设计实验教学课题

实践导师交流会及企业现场招聘会

主　题：2014 中国建筑装饰协会卓越人才计划奖暨第六届"四校四导师"环境设计本科毕业设计实验教
　　　　学课题实践导师交流会及企业招聘会
时　间：2014 年 5 月 25 日 8：00
地　点：中央美术学院五号楼 A107
主持人：中央美术学院建筑学院侯晓蕾副教授

金螳螂建筑装饰股份有限公司
设计研究院院长王琼教授在作
企业介绍

深圳广田装饰集团股份有限公
司人力资源部李卓部长在作企
业介绍

北京港源建筑装饰设计研究院
院长李臣伟先生在作企业介绍

北京清尚建筑装饰设计研究
院人力资源部王晓岩在作企
业介绍

中央美术学院侯晓蕾副教授主持实践导师交流会

2014 中国建筑装饰协会卓越人才计划奖

暨第六届"四校四导师"环境设计本科毕业设计实验教学课题

颁奖典礼

主　题：2014 中国建筑装饰协会卓越人才计划奖暨第六届"四校四导师"环境设计本科毕业设计实验教
学课题颁奖典礼

时　间：2014 年 5 月 26 日 8：00

地　点：中央美术学院美术馆学术报告厅

主持人：中央美术学院建筑学院侯晓蕾副教授

王铁教授主持颁奖典礼

张月教授回顾活动发展

高洪书记致辞

吴晞先生致辞

王琼教授致辞

巴林特博士致辞

谭平教授致辞

李成滨教授致辞

钟读仁教授致辞

蒋宗文教授致辞

吕品晶教授致辞

李功强先生致辞

王晓琳处长致辞

谭大珂教授致辞

中央美术学院高洪书记为课题组指导教师颁发荣誉奖牌

李成滨教授、钟读仁教授为获奖学生颁奖

2014年5月26日，颁奖典礼后，全体师生于中央美术学院圆形剧场内合影

2014 中国建筑装饰协会卓越人才计划奖

暨第六届"四校四导师"环境设计本科毕业设计实验教学课题

参与毕业生获奖名单

一等奖 3 名
赵燕飞、张正琨、林洋昕

二等奖 6 名
Barnabas Kozak、蔡衍、郭靖、董雪梅、赵丽、许放

三等奖 9 名
沈家亦、宋宏宇、苏雯、王一雯、陈思多、徐哲琛、周子森、董丹丹、彭会会

佳作奖 40 名
梁爽、阮氏垂玲、步莹莹、陈凯莉、孟翔、仵燕、华峥、Kokas Balazs、Zilahi Peter、Peto Alexandra、王静思、王璐璐、王维真、赵楠、刁斯琪、赵澍、黄清清、罗少红、庄杰翰、周逸冰、王志飞、袁向阳、林冠旭、吕小伟、胡立琴、马骁、徐凯旋、王勇、郝静、杜康、郑成龙、张伟、那航硕、李学彪、张弘、裴元、姜卉、龚立群、金友鹏、王雪菁

学生获奖作品

一等奖

 哈尼民俗展馆概念设计

学　　生：赵燕飞
责任导师：谭大珂
　　　　　王云童
　　　　　贺德坤
　　　　　刘莎莎
学　　校：青岛理工大学

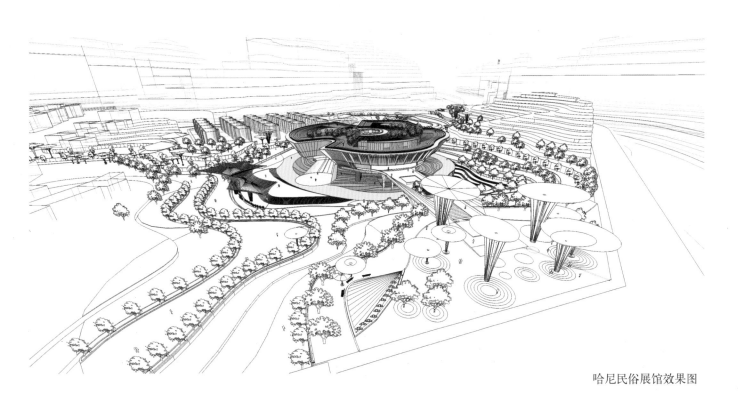

哈尼民俗展馆效果图

地貌的破坏是城市发展形成的必然，尽管它已经申请为世界文化遗产，但是破坏仍旧没有终止，为此我感到十分惋惜。城市需要历史、需要流传……

基地概况

基地位于中国云南红河哈尼族彝族自治州元阳县南沙镇，地处低纬度亚热带高原型湿润季风气候区，在大气环流与错综复杂的地形条件下，气候类型多样，具有独特的高原型立体气候特征。元阳县境内全是崇山峻岭，所有的梯田都修筑在山坡上，梯田坡度在 15 度至 75 度之间。梯田分布较广，大都是几千近万亩的梯田，形状各异，各具特色。

中国云南印象

梯田

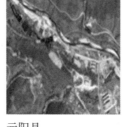

元阳县

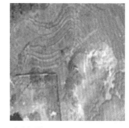

南沙镇

大地背景上的形态定位：与山对话，从大地升起，展现哈尼族扎根梯田，生生不息。

展馆定位：展现当地的一些民俗纪念活动以及封闭的、隐藏的非物质的遗产。

民俗

世界名胜

人文

建筑规模：规划总面积约 135671 平方米，建筑占地面积约 17634 平方米。

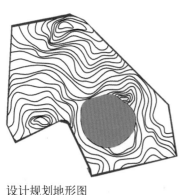

设计规划地形图

元阳县南沙镇地形图

蘑菇房概念

传说远古时候,哈尼人住的是山洞。后来他们迁到一个名叫"惹罗"的地方时,看到满山遍野生长着大朵大朵的蘑菇,它们不怕风吹雨打, 还能让蚂蚁和小虫在下面做窝栖息, 他们就比着样子盖起了蘑菇房。蘑菇房主要流行于云南云阳等的哈尼族地区, 是哈尼族传统文化底蕴最深厚的建筑模式。

蘑菇房分析

二(三)层至屋顶的空间称"烽火楼"。烽火楼通常以木板间隔,用以储藏粮食、瓜豆,供适龄儿女恋爱和住宿。

中间夹板层是"蘑菇房"的主体部位,是主人居住的地方,做饭、休息、会客均在此层,正中央是常年烟火不断的长方形火塘。

底层主要用来关马圈牛,堆放谷船、犁耙等农具。

形态的提取、生成

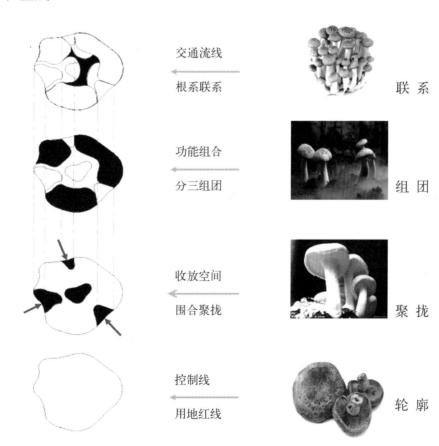

交通流线
根系联系
联系

功能组合
分三组团
组团

收放空间
围合聚拢
聚拢

控制线
用地红线
轮廓

民族文化的创造性演绎

将哈尼族的文化语言加入展馆设计中，使展馆特色鲜明，意味深长。

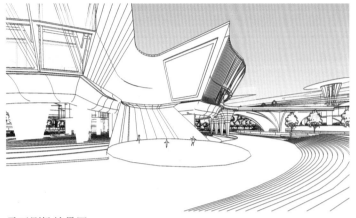

露天剧场效果图

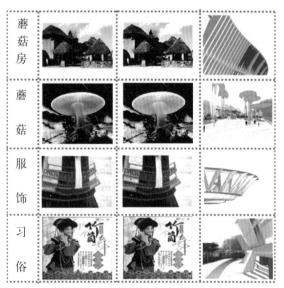

概念表达反分析图

环境特征的创造性演绎

以隐喻的设计概念将哈尼民俗展馆束缚在元阳梯田的特定场景中，亲近民居，依靠村落，与哈尼梯田相依相偎，谱写了一幅美丽的画卷。

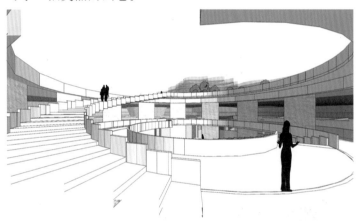

中庭效果图

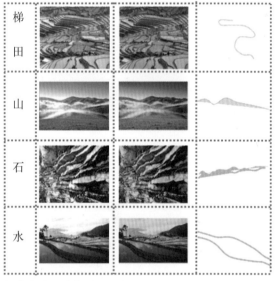

概念表达反分析图

哈尼头饰文化

哈尼图案文化

综合民族文化与地域文化的特色，将其特征以艺术化的手法赋予建筑表皮。使建筑传承历史，融于环境。

哈尼梯田　春

哈尼梯田　夏

哈尼梯田　秋

哈尼梯田　冬

蘑菇肌理图

建筑外皮表达图

建筑外皮表达图

建筑外皮表达图

建筑外皮表达图

方案设计

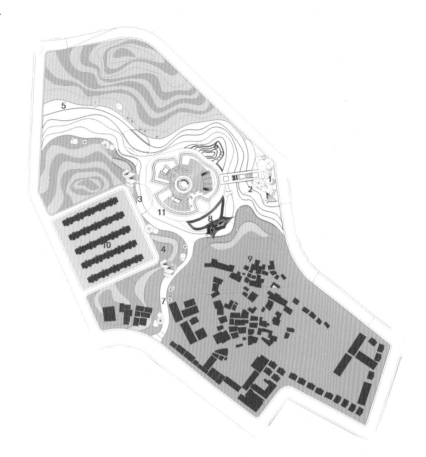

1. 东入口广场（地下设车库）
2. 车行道
3. 西入口
4. 地下车库
5. 西北入口
6. 餐厅广场
7. 工作人员入口
8. 露天广场
9. 居民村落
10. 住宅
11. 消防通道

总平面图

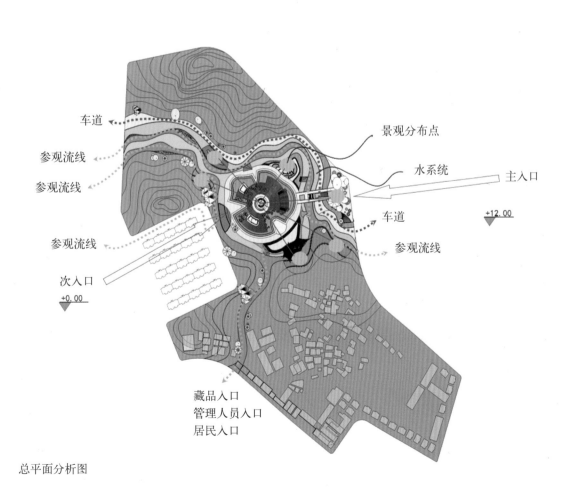

车道

参观流线

参观流线

景观分布点

水系统

主入口

参观流线

车道

参观流线

+12.00

次入口

+0.00

藏品入口
管理人员入口
居民入口

总平面分析图

空间功能

1. 可识别性，具有明显的视觉特征。
2. 意向性，创造优美想象的建筑。
3. 赏景、玩景为空间设计首要原则。
4. 空、灵、透、生态艺术美学。

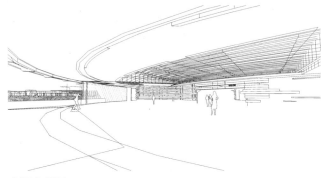

空间表现图

空间表现图

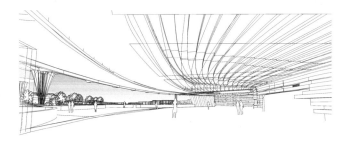

空间表现图

建筑模式

1. 显山透绿，退台空间。
2. 依山就势，因地制宜。
3. 错落有致，有效区分。
4. 立体交通，层次绿化。

 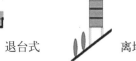

步行系统立体接口形式，底层架空，便于车辆通行，
人行系统被抬升到上层。

地下车库表现图

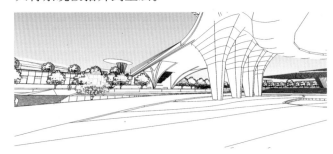

立体桥表现图

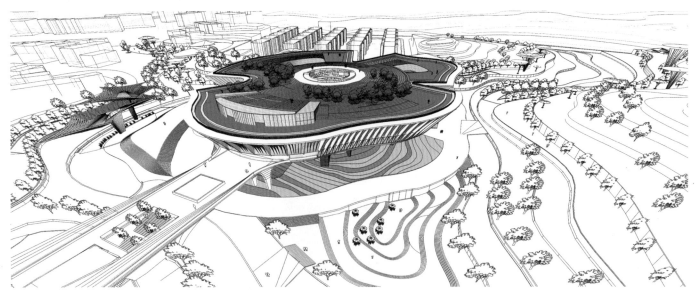

建筑生成

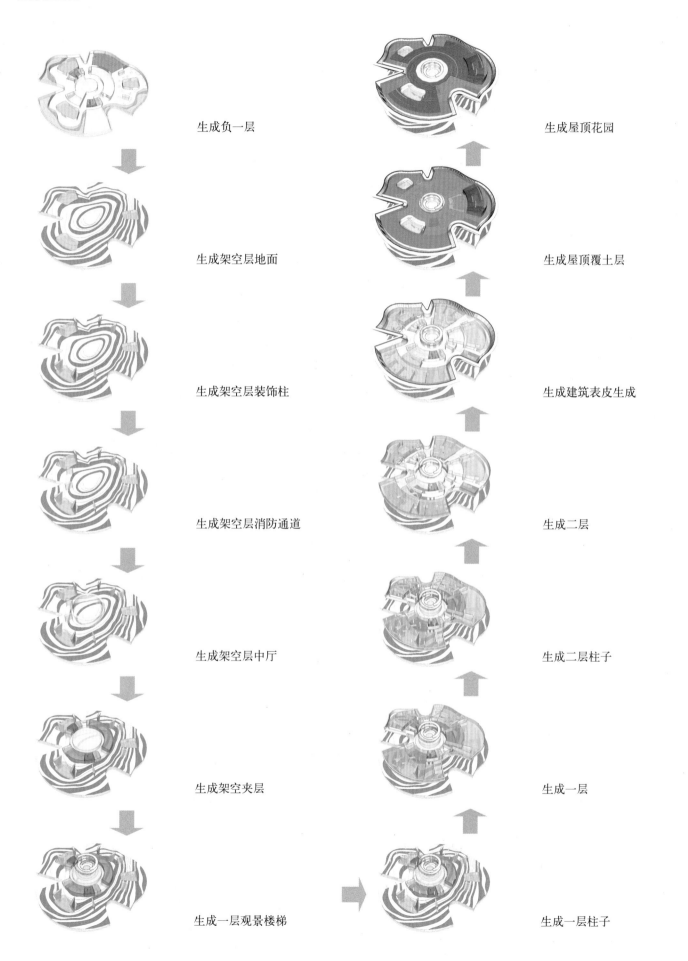

生成负一层

生成架空层地面

生成架空层装饰柱

生成架空层消防通道

生成架空层中厅

生成架空夹层

生成一层观景楼梯

生成屋顶花园

生成屋顶覆土层

生成建筑表皮生成

生成二层

生成二层柱子

生成一层

生成一层柱子

平面分析

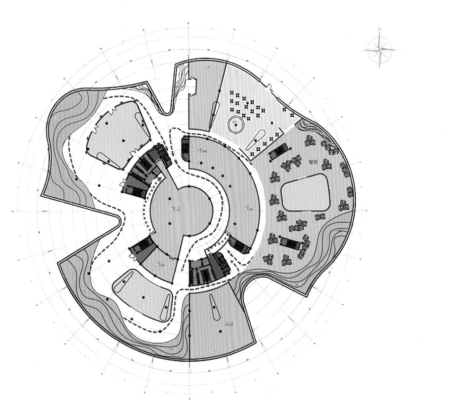

1cm 1:22580

负一层平面　　总面积：10800 平方米

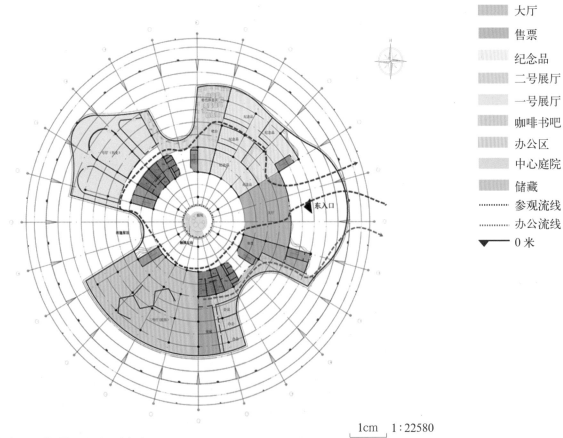

1cm 1:22580

一层平面　　总面积：8086 平方米

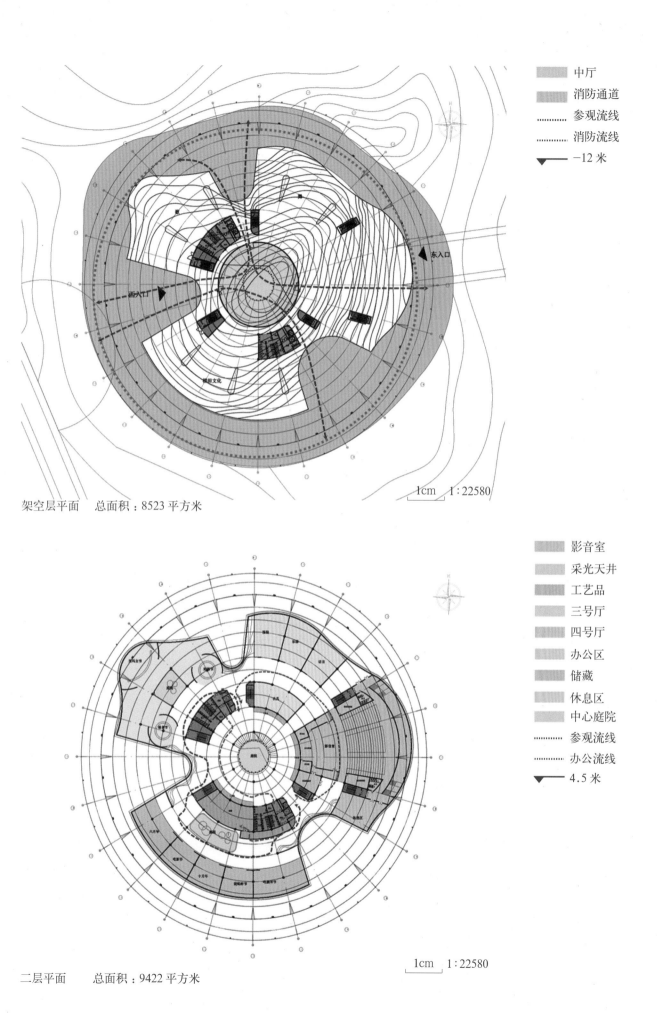

架空层平面　　总面积：8523 平方米

1cm　1 : 22580

影音室
采光天井
工艺品
三号厅
四号厅
办公区
储藏
休息区
中心庭院
.... 参观流线
.... 办公流线
▼── 4.5 米

1cm　1 : 22580

二层平面　　总面积：9422 平方米

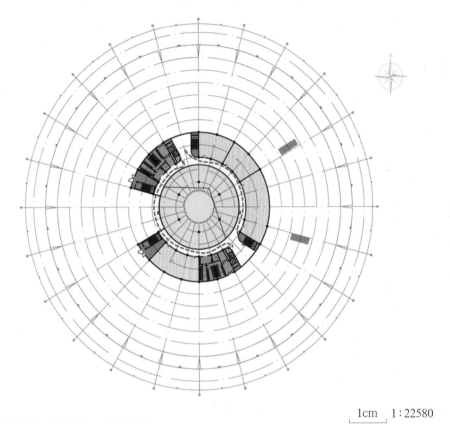

1cm ┃ 1:22580

架空夹层平面　总面积：1679 平方米

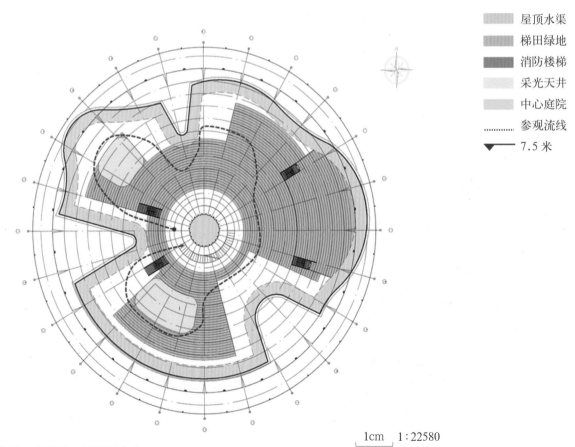

1cm ┃ 1:22580

屋顶花园　总面积：8523 平方米

交通分析

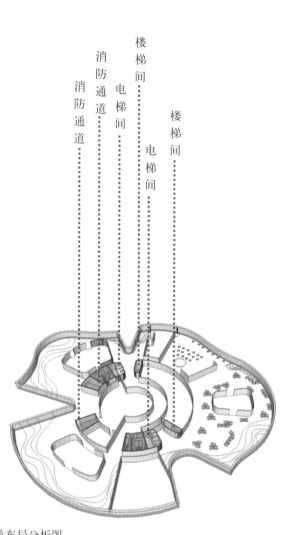

楼梯间

消防通道

电梯间

消防通道

楼梯间

电梯间

交通布局分析图

竖向交通分析图

该建筑共三层，地上二层，地下一层，中间设有架空层和架空夹层。整个建筑的交通流线分明。一般游客主要通过南北客梯分流。藏品和管理人员则是通过南北的货梯上下，有独立的交通流线。消防通道则贯穿始终，每一层每个馆都巧妙地设置了它的疏散通道。

整个设备线、管道等都隐藏在装饰柱里，以免与建筑的造型和功能相冲，满足视觉效果的同时也便于维修。

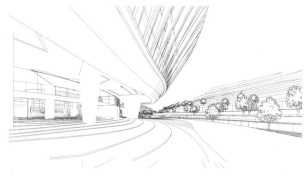

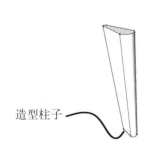

造型柱子

水管

设备线

装饰柱与建筑的关系图

隐藏设备分析图

剖立面

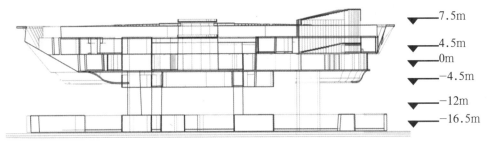

–7.5m
–4.5m
–0m
—–4.5m
—–12m
—–16.5m

剖立面图

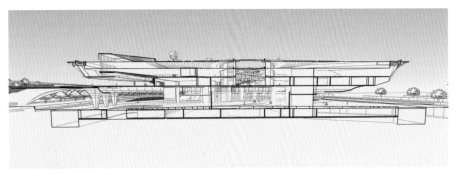

剖立面表现图 1

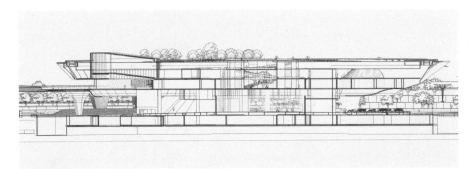

剖立面表现图 2

剖立面表现图 3

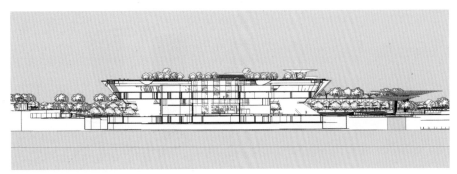

剖立面表现图 4

空间效果

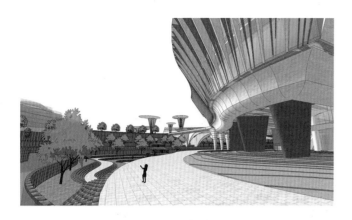
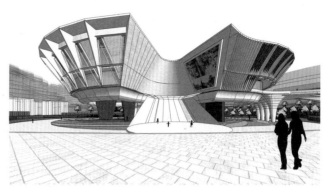

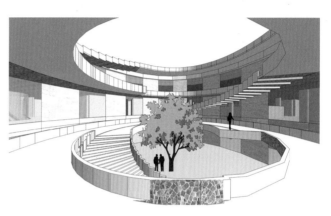

外环境效果

一等奖

"一水一田" 济宁市农业生态观光园设计

学　　生：张正琨
责任导师：王铁
学　　校：中央美术学院

基地概况

基地区位

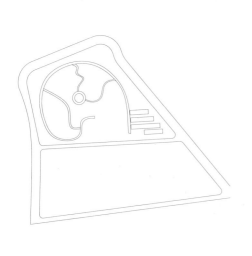

A

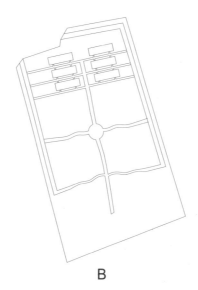

B

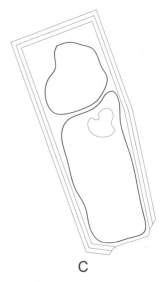

C

规划 A 地块：生态展览中心，规划以生态展示、休闲区域、餐饮、素质教育体验等功能为主

规划 B 地块：将小型度假村放入其中，周围拥有大自然的气息，能让游客体验在大自然沐浴

规划 C 地块：以原生态为主，来表现生态湖的重要性，让游客更加接近大自然，提供垂钓、野餐等

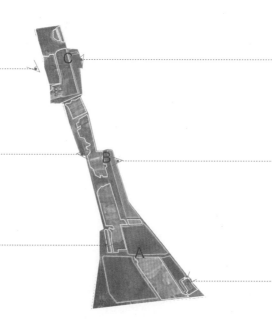

基地现场照片

概念生成

 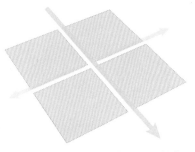 

首先是一块完整的田地，缺少变化　　当水引入的时候空间变得丰富，但　　水自然的流动起来时，空间就
　　　　　　　　　　　　　　　　　还是有些呆板　　　　　　　　　　变得鲜活起来

形态推演

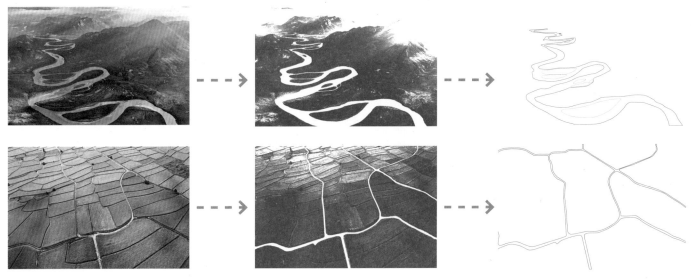

形态推演

设计中的主要元素半圆

削减形体的两侧，初步形变

掏空形体中部，抬高整个剩余部分

最终的建筑形态

设计中的主要元素圆弧

挤压形体的两侧，初步形变

滑动形体三个主要结构

最终的建筑形态

横向功能

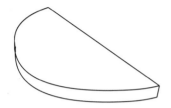
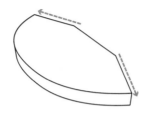
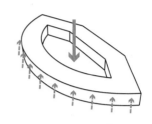
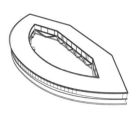

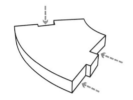
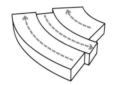
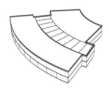

湿地	洼地	大乔木	小型树林	人工园圃	草坪

设施结构

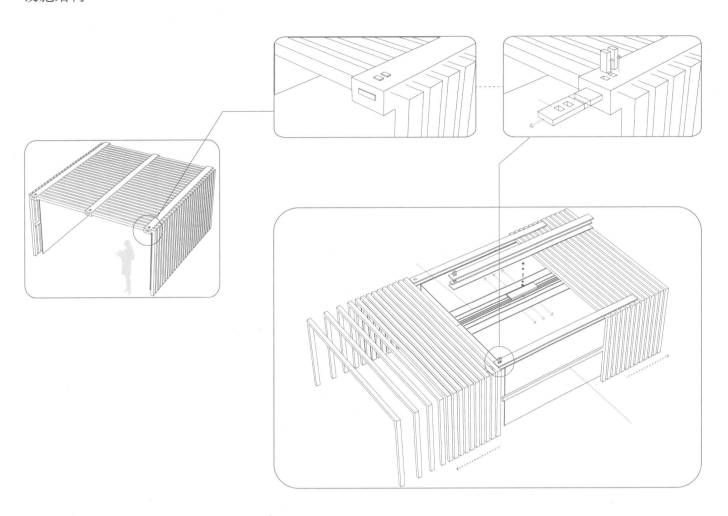

设施结构

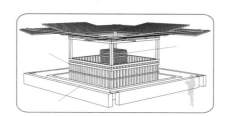

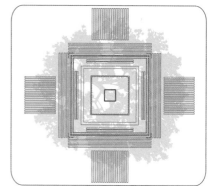

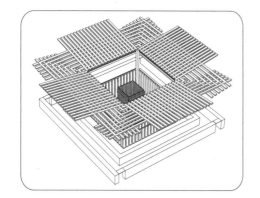

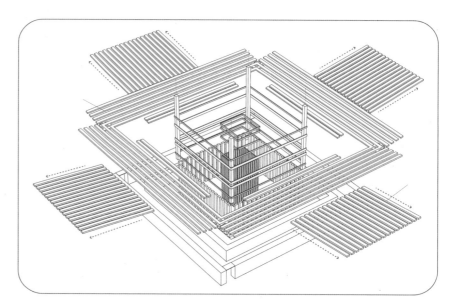

钢架结构示意

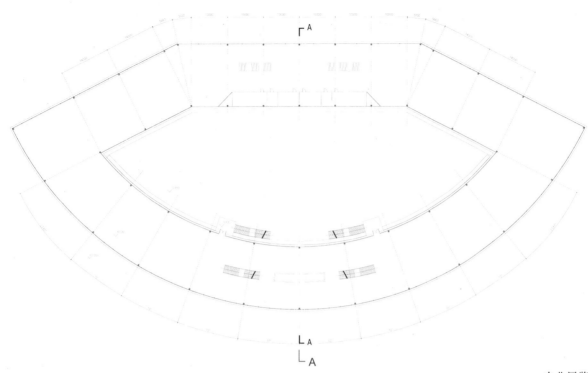

农业展览馆平面图

农业展览馆东立面图

农业展览馆 A—A 剖面图

农业展览馆南立面图

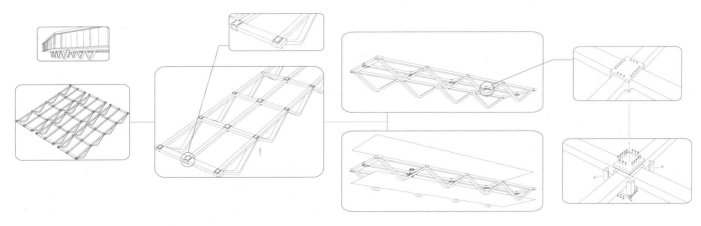

立体结构分析

建筑柱网

建筑柱网保持结构的跨度在 10 米

中庭

中庭通高 12 米，中庭设有观景水池和各类植物，人们可以在建筑内观赏中庭的景色

楼梯通道

到达建筑内部的楼梯位于双平面桁架之间

平行桁架

平行桁架支撑整个悬空建筑主体，同时桁架间的围合的空间也为人们提供了休息和观赏中庭的区域

屋顶草坪

屋顶铺设的草皮不仅增加了绿化面积，还改善了夏季室内高温干燥的状况

玻璃幕墙支撑

屋顶草坪多余的灌溉水会经过幕墙支撑的细管流入到平台下的汲水池中，循环利用

光感玻璃幕墙

根据自然光的不同强度，调节进入建筑中的光多少

一等奖

山东省济宁市抗日民族历史纪念馆建筑及室内设计

学　　生：林洋昕
责任导师：彭军　高颖
学　　校：天津美术学院

基地概括

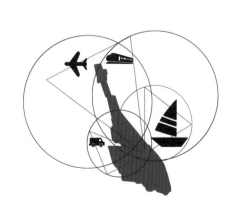

西北距济宁曲阜机场 37 公里
服务于苏鲁豫近 4 千万人口

北距济宁火车站 35 公里
年发送人口 120 余万人

用地西侧规划岛内唯一跨湖公路

用地东侧规划岛内唯一规划码头

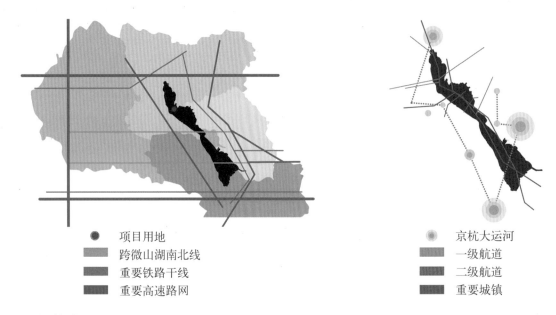

● 项目用地	● 京杭大运河
跨微山湖南北线	一级航道
重要铁路干线	二级航道
重要高速路网	重要城镇

区位简介

本项目选址于山东省鲁西南腹地济宁市，微山湖县，南阳镇，微山湖北湖区。地处黄淮海平原与鲁中南山地交接地带。南阳镇微山湖距济宁市约 40 公里，是著名的现代革命斗争纪念地。抗日战争时期，有以微山湖为根据地的微山湖大队，运河支队。微山湖有相对集中的水资源，构成了该区域独特的资源优势，在水利资源的开发利用上，合理调水、蓄水、输水、供水和防治水污染，使得水资源保存良好的生态效益，发挥出更大的经济效益和社会效益。同时建设有湖区及滨湖地区支流航道，形成了以京杭大运河为骨干，以微山湖为中心的多条多级别鲁西南航道网，形成鲁西南水上货运集散中心。济宁西郊大运河建设 100 万吨的集装箱和长途客运码头，以建立以济宁市为起点的水上客运集散中心。

目标与定位

1. 历史文化教育意义

要尊重传统、延续历史、继承文脉，同时也要反映历史长河中"今天"的特征，有所创新，有所发展，实现真正意义上的历史延续和文脉相传。因此，继承和创新有机结合的文化原则，是该设计应充分重视、大力倡导的。

2. 刺激地方旅游产业。

随着我国旅游业的迅速发展，传统的旅游产业要素进一步扩展，各要素相互交织形成了一个紧密的旅游产业链。旅游产业具有三大动力效应：直接消费动力、产业发展动力、城镇化动力，在此过程中，旅游产业的发展将会为这一地区带来价值提升效应、品牌效应、生态效应、幸福价值效应。

3. 提升区域文化影响力及当地纪念性使其更具有教育意义。

现场调研

■ 项目用地实景

■ 岛内规划唯一跨湖公路

■ 现场调研实况

■ 项目用地实景

■ 岛内规划唯一跨湖公路

■ 现场调研实况

■ 京杭大运河实景

建筑生成

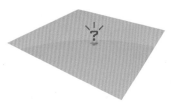

空旷场地

方正空间体

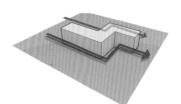

旋转 扭曲

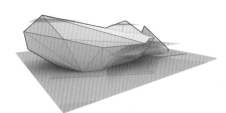

视觉高点分析

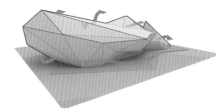

基本气流 通风分析

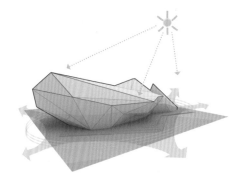

基本光照分析

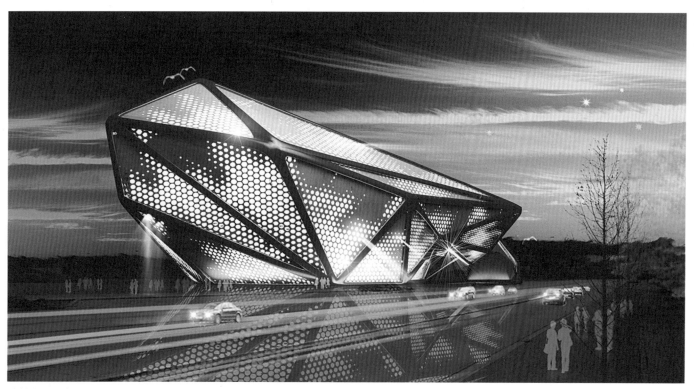

建筑夜景人视图

建筑侧视图

建筑附属功能

夜间通透

太阳能科技

高效节能

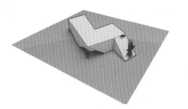

抬升 塌陷

契合 链接

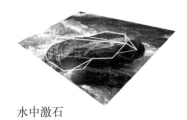

水中激石

建筑天际线形态

骨骼／框架

建筑表皮

建筑前视图

室内空间脚本

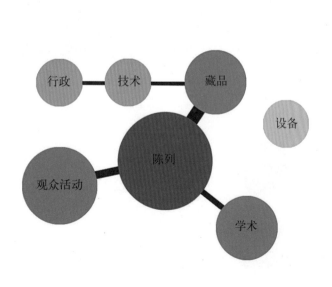

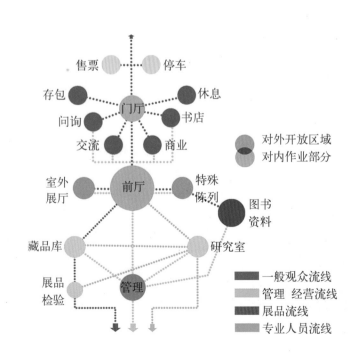

售票　停车

存包　休息

门厅

问询　书店

交流　商业

对外开放区域
对内作业部分

室外
展厅　前厅　特殊
陈列

图书
资料

藏品库　研究室

展品
检验　管理

一般观众流线
管理 经营流线
展品流线
专业人员流线

行政　技术　藏品

设备

陈列

观众活动

学术

室内元素生成

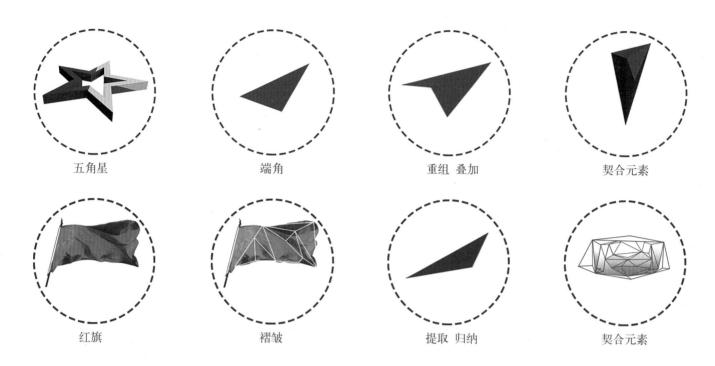

五角星　　　　端角　　　　重组 叠加　　　　契合元素

红旗　　　　褶皱　　　　提取 归纳　　　　契合元素

室内设计依据

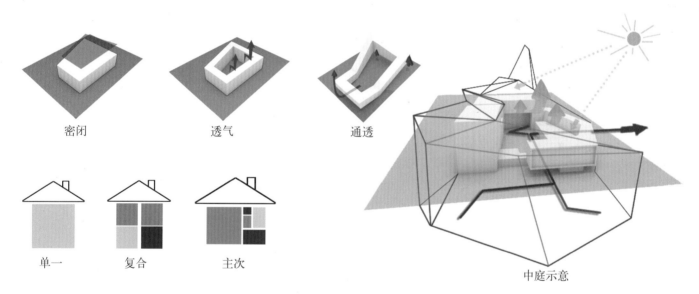

密闭　　　　透气　　　　通透

单一　　　　复合　　　　主次

中庭示意

室内空间密闭单一，毫无通透感。通过对顶部天窗及吹拔空间的处理使室内更具通透感。通过对四周墙面的抬升，推挪切割，使空间更加活泼，同时提升纪念馆各空间的连续性，增强参观者的体验感。建筑中庭采取单空间，多流线，多视线处理。

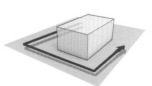

人群密度小
单一空间功能
单一动态流线
无阻碍视线

人群密度较大
多空间功能
多条动态流线
有阻碍视线

人群密度大
多形式空间功能
多层次动态流线
有阻碍视线

展示空间大纲

民族危机 救亡兴起
1937 年 7 月 7 日，日军在北平附近挑起卢沟桥事变（七七事变），中日战争全面爆发。

日军暴行 惨绝人寰
揭露日军在山东乃至全国违反国际道德的劣行，警醒世人。

血浴疆场 民族壮歌
重点展示我军铁道游击队成长发展历史，英雄事迹及抗战英勇事件。

全民抗战 中流砥柱
1938 年前后全国形成全民抗日局面，苏鲁特委先后在枣庄成立鲁南铁道游击队。

历史胜利 以史为鉴
1945 年中国抗战全面胜利，展示抗战胜利的喜悦以及战争对人类的教育。

和平年代 当代红色
展示和平年代微山湖自然及人文的宁静与祥和，诠释红色精神在当代社会新解。

各层 CAD 制图

室内垂直交通

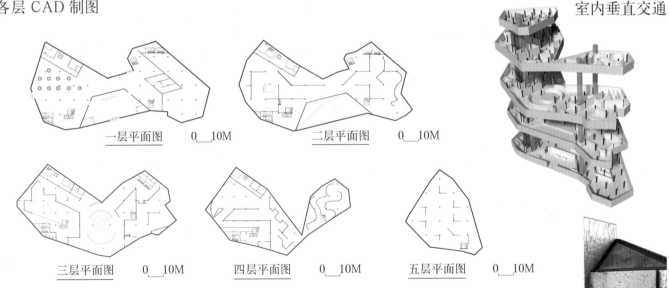

一层平面图　　0＿10M

二层平面图　　0＿10M

三层平面图　　0＿10M

四层平面图　　0＿10M

五层平面图　　0＿10M

问题及解决方式

多元化体验互动：
建筑与室内空间互为依托，自然属性与人文属性完美地结合。多功能，多样化，多层次的体验方式与空间。

受众群体：
传承与发扬优秀红色文化，感受精神力量。丰富、精彩并且新颖的展示内容将会吸引多年龄层面的人群。

公共设施服务：
一切以人文本，配套完备，人性化无障碍设计，视觉人行标志系统，隐形导航。

文化的传承：
把微山湖特有红色文化发展成为一个享誉国内外的标志性文化旅游项目，既拥有自身历史特色，又兼有时代特征，更是对当地优秀文化增添一份新生的活力。

展区规划：
合理地展示脚本大纲，牵动并且贯彻整个室内空间。

室内各层流线及展示空间脉络

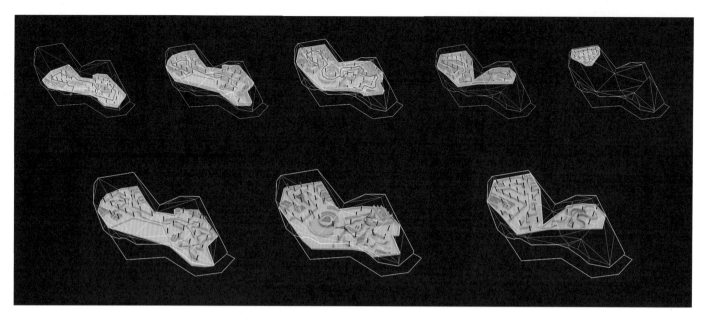

室内空间功能划分

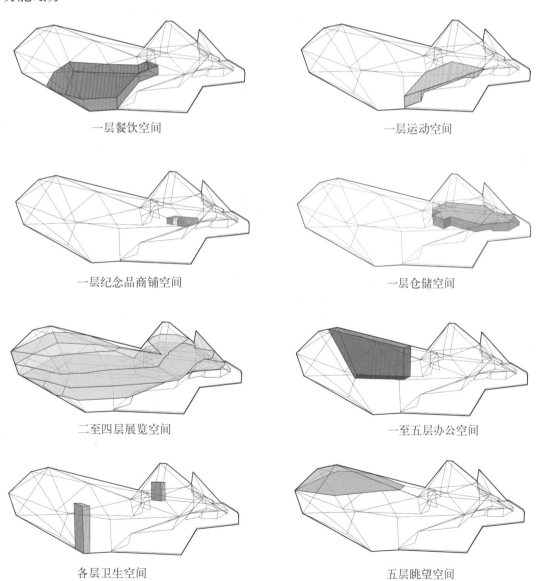

一层餐饮空间

一层运动空间

一层纪念品商铺空间

一层仓储空间

二至四层展览空间

一至五层办公空间

各层卫生空间

五层眺望空间

各室内展厅效果

■ 一层大厅空间

结合本次室内设计元素三角稳定、坚韧、刚强，一楼接待大厅延续建筑设计元素风格。采用锈迹钢材混凝土材质铺装营造出微山湖当地特有的野趣感及铁道游击队抗日革命的沧桑厚重历史感。

大厅中部采取宽敞开间设计，满足游客进馆准备前期的空间需求。

A—A　剖面图

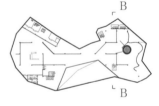

■ 二层展览空间

结合本次室内设计元素三角稳定、坚韧、刚强，通过墙面挂照片开窗展示空间，情景搭建、场景再造，还原展厅全民抗战历史场景。

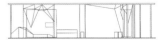

B—B　剖面图

各室内展厅效果

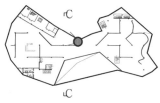

■ 二层展览空间

结合本次室内设计元素三角、
稳定、坚韧、刚强，环形展厅
通过巨幅图片及影像视频多手
段展示，使参观者能够置身其
中全方位立体化感受革命历史
厚重感。

弧形中央设置高科技视觉投射，
提升展览趣味性的同时提升展
示内容直观感受。

C-C 剖面图

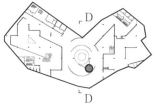

■ 三层展览空间

结合本次室内设计元素三角、
稳定、坚韧、刚强，环形展厅
通过巨幅图片及影像视频多手
段展示，使参观者能够置身其
中全方位立体化感受革命历史
厚重感。弧形中央设置高科技
视觉投射，提升展览趣味性的
同时提升展示内容直观感受。

D-D 剖面图

各室内展厅效果

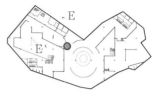

■ 三层展览空间

结合本次室内设计元素三角、稳定、坚韧、刚强，展台规则、四方整齐、遍布展厅、分割空间的同时，最大限度地提升空间展示效果。大厅中部采取宽敞开间设计满足游客进馆准备前期的空间需求。

E-E　剖面图

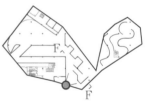

■ 四层展览空间

结合本次室内设计元素三角稳定、坚韧、刚强，通过对铺装材质氛围的渲染展示革命物件，室内情景、故事化。

F-F　剖面图

各室内展厅效果

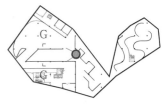

■ 四层展览空间

结合本次室内设计元素三角稳定、坚韧、刚强，多个橱窗情景空间再造。地面同样采取斜三角形状拔地而起展柜遍布其中 具有相对动势的同时隐形划分地面交通体现革命道路的曲折顽强性。

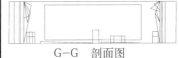

G—G 剖面图

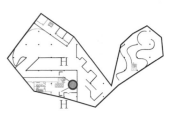

■ 电梯公共空间

结合本次室内设计元素三角稳定、坚韧、刚强，室内结合建筑自身特征。

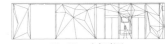

H—H 剖面图

二等奖

吉林艺术学院国际陶艺工作站空间环境设计

学　　生：赵丽
责任导师：王学思　刘岩
学　　校：吉林艺术学院

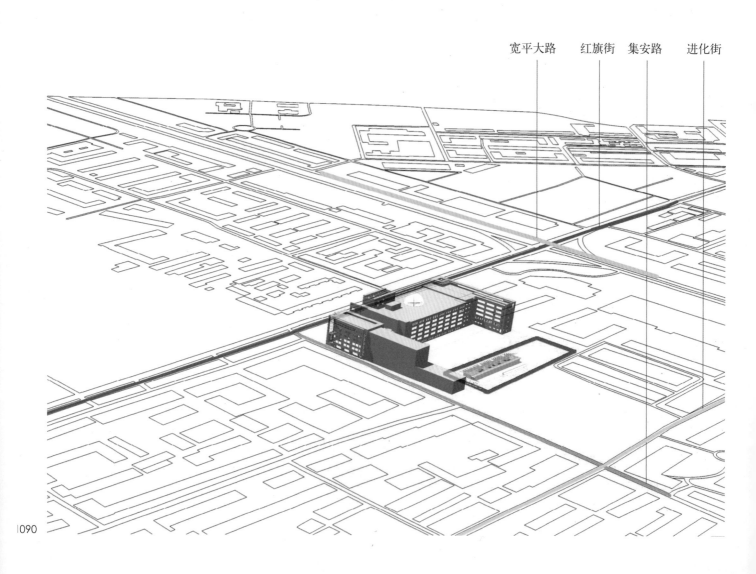

宽平大路　　红旗街　集安路　　进化街

国际陶艺工作站空间环境设计

基地概况

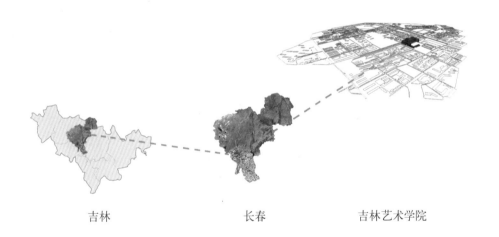

吉林　　　　　　　　长春　　　　　　吉林艺术学院

周边环境

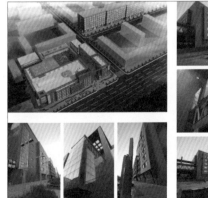

随着学院的发展以及教学条件的完善，学院现有的陶艺工作室越来越难以买足学院的教学条件，需要越来越多更加合理的空间，使学院的资源更加完善地利用。空间功能的划分更加完整明确、分工更加具体、对艺术的诠释更加完美、空间增添了灵动性等，师生的互动机会就会增多，也就更加享受身在其中的创作过程。

选题内容与主题

我的选题内容为吉林艺术学院国际陶艺工作站空间环境设计，设计主题为分化流程、整合功能。以吉林艺术学院造型校区背景，选取校园内的陶艺工作室作为此次项目的设计对象。陶艺工作室位于教学楼以北、食堂以西的操场上，面积约为1258m²。西面空地面积约为1188m²，原为学院锅炉房，现已拆除。对原有陶艺工作室进行改造的同时，在原锅炉房位置新建集陶艺展示、交流休闲等于一体的交互式空间设计。在融入红山文化的陶艺文化的同时，尊重原学校建筑以及原陶艺工作室建筑的设计风格，对陶艺工作室进行改造与扩建，使新建筑与原陶艺工作室完美结合，改造部分墙体，增加新建筑与原建筑的连通性，在新建筑中增加学生交流、学习、资料查找、休息等空间，同时增加学校师生作品对外展示的空间。

项目地块　　　　　周边建筑地块　　　　教育地块　　　　教育地块联系　　整合地块

设计目的

1. 空地进行改造扩充至工作室，连接形成整体，增加面积满足需求
2. 根据功能需要，重新调整室内空间布局
3. 可容纳本院陶艺设计专业学生的专业实训课程以及其他专业的公共选修课程的使用
4. 接纳国际、国内知名陶艺家前来短期研修、讲学办展、交流合作等，搭建一个国际文化交流平台
5. 宣传陶文化、推介院校特色

调研分析

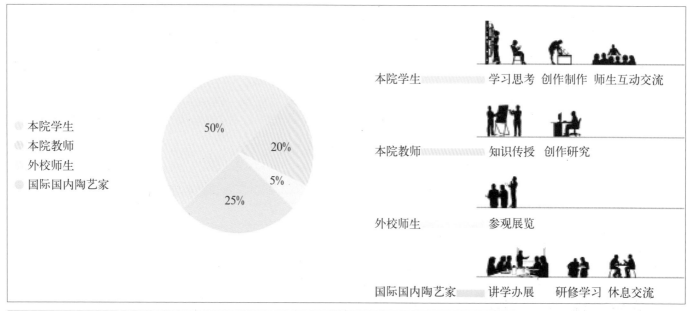

- 本院学生　50%
- 本院教师　20%
- 外校师生　5%
- 国际国内陶艺家　25%

本院学生　　学习思考　创作制作　师生互动交流

本院教师　　知识传授　创作研究

外校师生　　参观展览

国际国内陶艺家　　讲学办展　　研修学习　休息交流

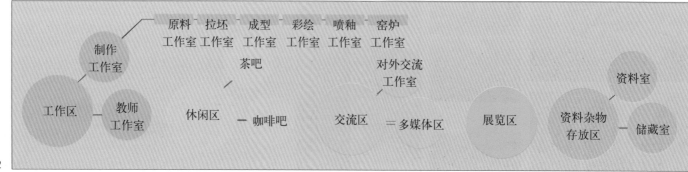

设计思考

东北文化—红山文化—彩陶纹理

在红山文化的标志性彩陶中观察其纹理，从中了解红山文化的时代风格。红山文化的纹饰可分为细绳纹、刻划纹和附加堆纹，彩陶以黑彩为主，有红彩和施白衣，不同的纹饰有不同的作用，有的可以用来划分空间，有的可以用作室内装饰，还有的可以融合外部空间。将红山文化的纹理特征融入空间环境设计中，包括色彩和肌理等，打造具有红山文化特色的展示交流空间。

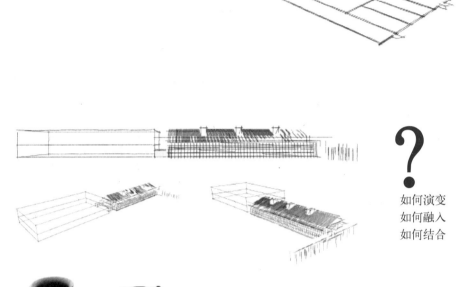

如何演变
如何融入
如何结合

变换 + 排列 + 叠加 + 加减 + 重组

平面由来

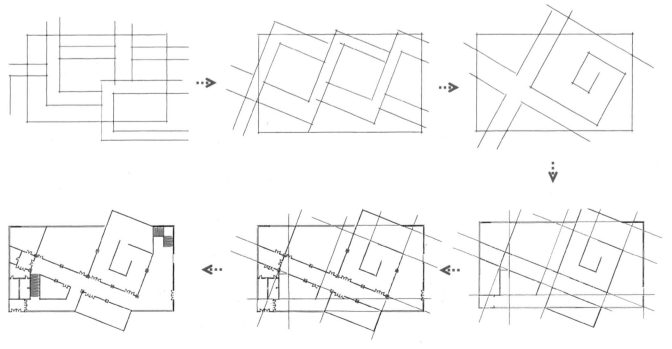

平面布局

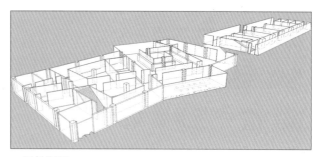

一层轴测图

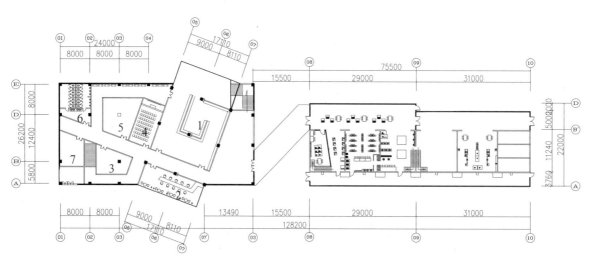

一层平面图

1. 阅览室
2. 咖啡吧
3. 接待室
4. 报告厅
5. 学术交流室
6. 卫生间
7. 自习室

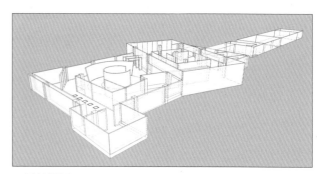

二层轴测图

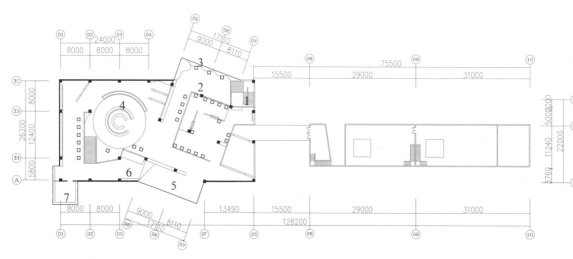

二层平面图

1. 陶艺制作过程视频展示
2. 陶艺作品制作过程展示长廊
3. 陶艺作品展示
4. 琉璃作品厅
5. 琉璃作品厅
6. 制作过程交流区
7. 休息交流区

功能分析

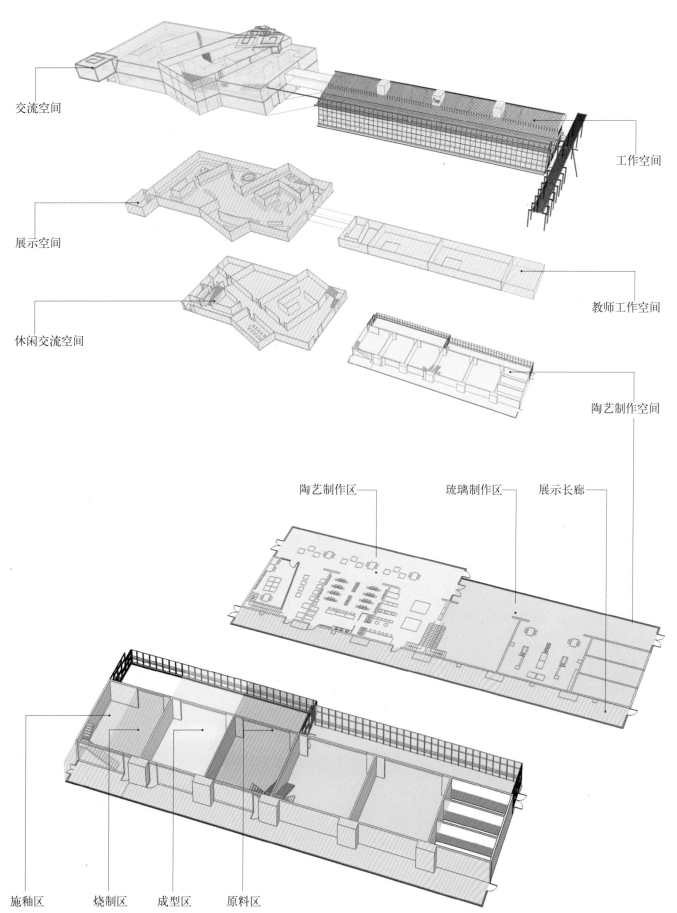

交流空间

工作空间

展示空间

教师工作空间

休闲交流空间

陶艺制作空间

陶艺制作区　　　琉璃制作区　　展示长廊

施釉区　　烧制区　　成型区　　原料区

一层功能分析

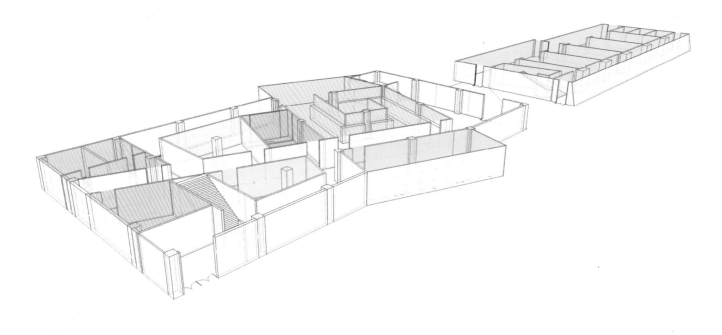

阅览空间
休闲空间
研究空间
接待空间
会议空间
工作空间
学习空间
清洁空间

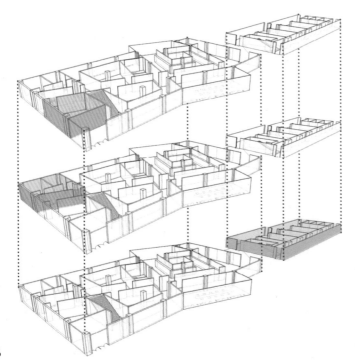

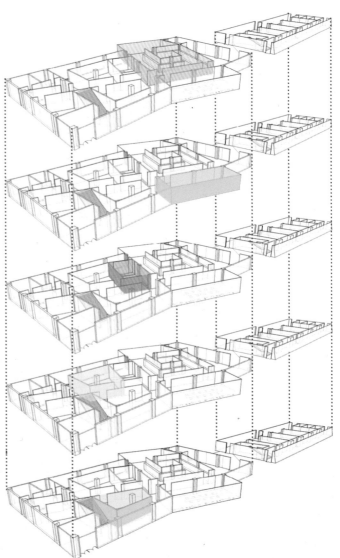

二层功能分析

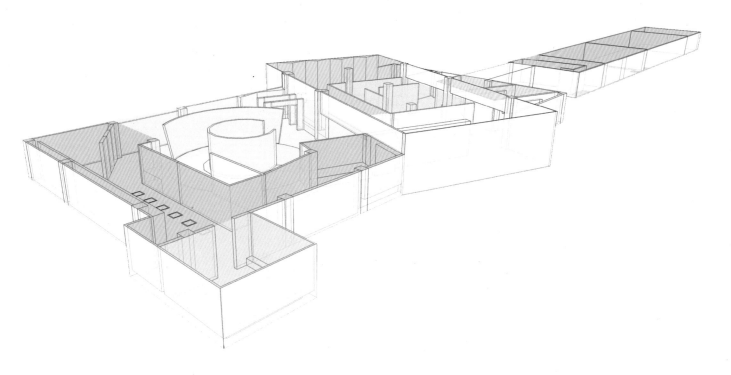

办公空间

入口空间

互动空间

精品展示

琉璃作品

休闲空间

陶艺作品

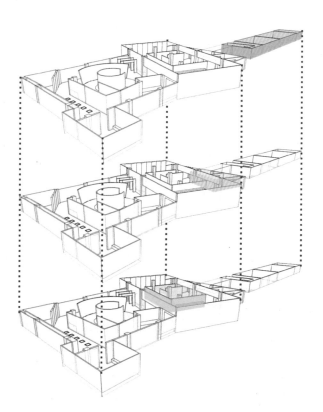

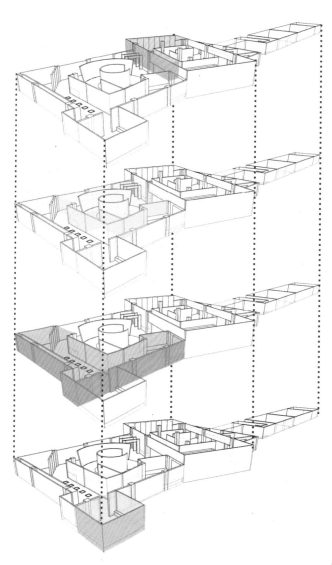

一层空间性质分析

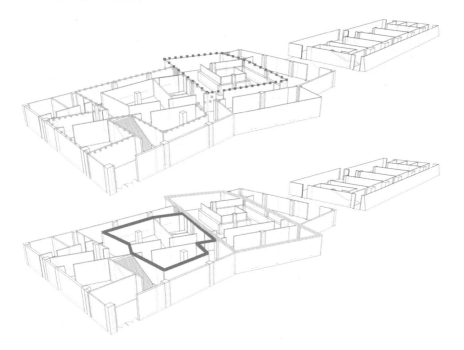

静阅空间

互动空间

自由空间

限制空间

动线分析

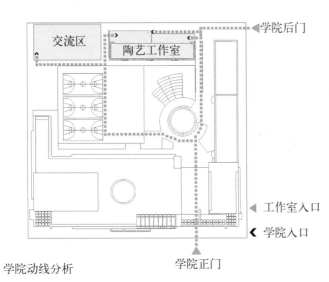

交流区

陶艺工作室

学院后门

工作室入口

学院入口

学院正门

学院动线分析

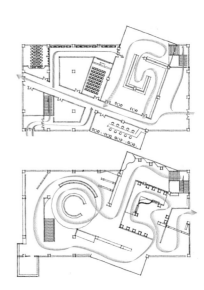

交流区动线分析

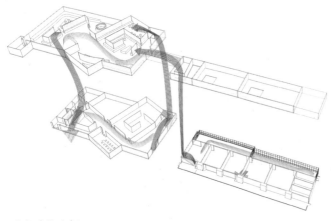

垂直动线分析

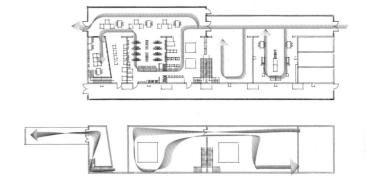

陶艺工作室动线分析

交流空间形态

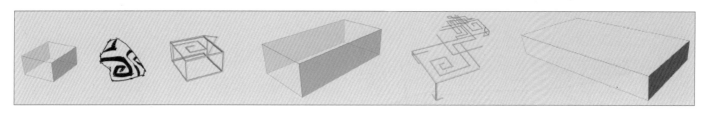

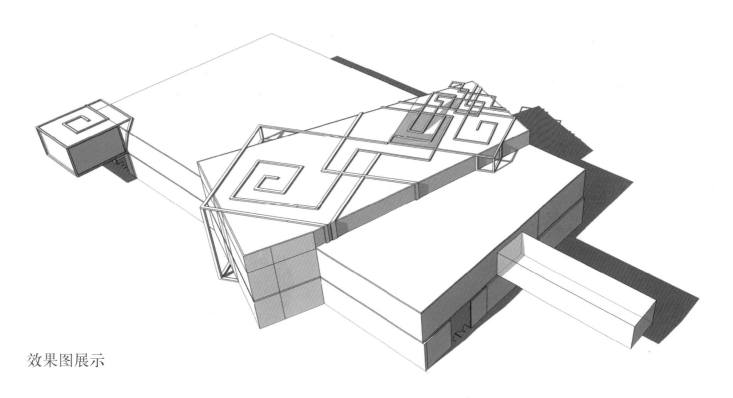

效果图展示

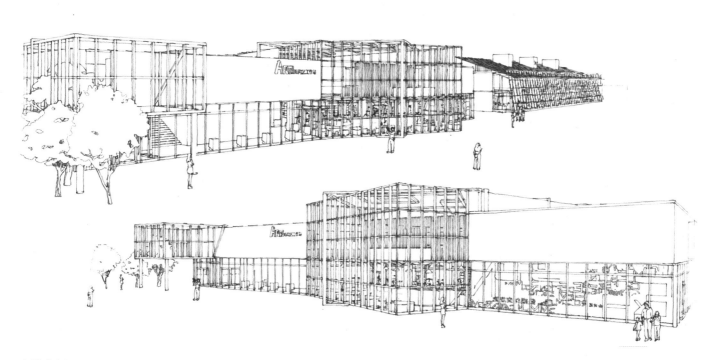

交流空间

效果图展示

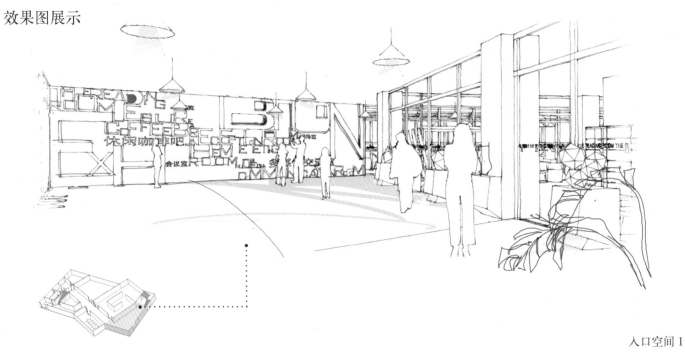

入口空间 1

入口空间 2

入口空间 3

入口空间 4

效果图展示

走廊空间 1

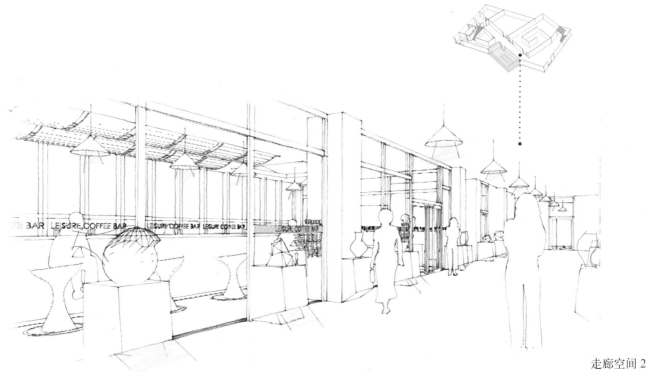

走廊空间 2

走廊空间 3

走廊空间 4

效果图展示

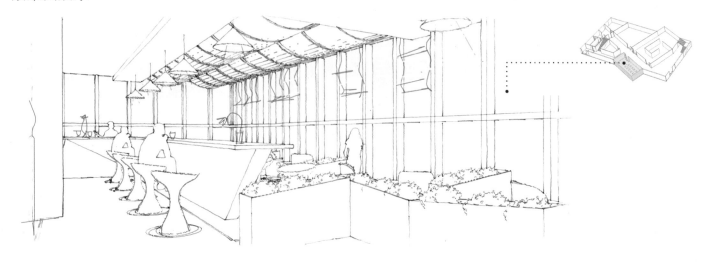

休闲空间

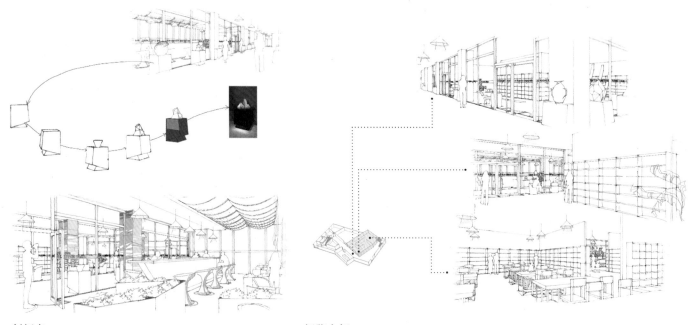

创新点

阅览空间

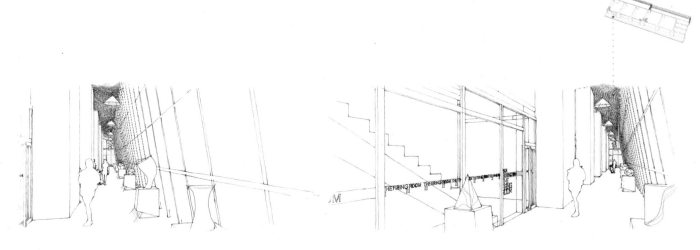

展示长廊

效果图展示

展示空间入口

展示空间中心

展示空间边侧 1

展示空间边侧 2

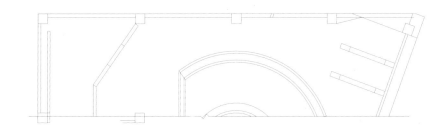

展示空间轴测

中心效果剖面

空间环境效果

二等奖

齐齐哈尔市劳动湖滨水建筑景观概念设计

学　　生：郭靖
责任导师：王铁军
　　　　　刘学文
　　　　　刘志龙
　　　　　阚盛达
学　　校：东北师范大学

区位分析

时代背景：该区是东北地区中心城市，劳动湖滨河景观是齐齐哈尔市打造的景观新区，是城市非常宝贵的自然生态区。同时也是展示城市景观风貌的一个重要窗口。

经济基础：劳动湖位于嫩江江畔，而嫩江江畔是齐齐哈尔近代工商业和现代工业的发源地之一。

项目区位：

选题位于凯旋路与北环城路交会，紧邻地铁，交通便利，生活设施齐全。劳动湖位于嫩江江畔，劳动湖滨河景观是齐齐哈尔市打造的景观新区，是城市的非常宝贵的自然生态区。同时也是展示城市景观风貌的一个重要窗口。

劳动湖位于齐齐哈尔市中心城区，是利用嫩江河道支流兴建的人工湖。北起嫩江城防堤入水闸门，经胡家泡子、北大桥进入龙沙公园，再经劳动桥、嫩江公园进入嫩江。水域中心长 7.5km，面积 165.75hm²，其中 40hm² 水域已建成龙沙公园和嫩江公园。

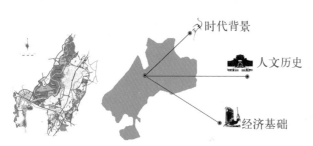

通过分析劳动湖周边环境，劳动湖周围生态环境丰富，为劳动湖概念设计提供了生态条件

区位分析

功能分区　　　　　水位分析

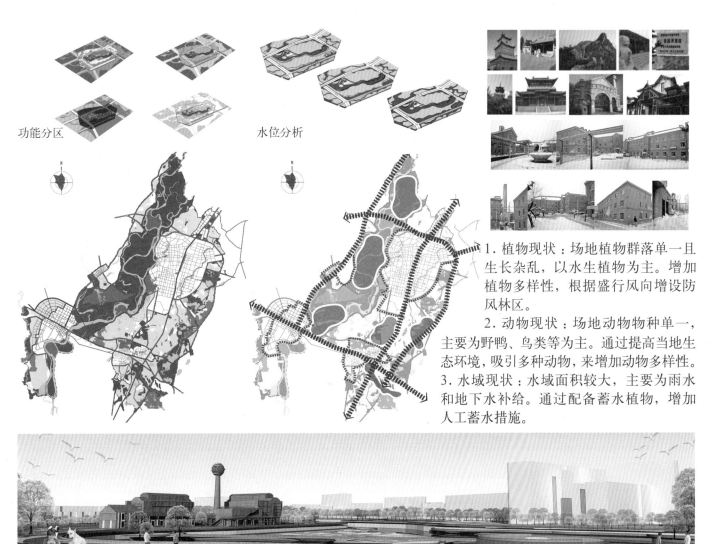

1.植物现状：场地植物群落单一且生长杂乱，以水生植物为主。增加植物多样性，根据盛行风向增设防风林区。

2.动物现状：场地动物物种单一，主要为野鸭、鸟类等为主。通过提高当地生态环境，吸引多种动物，来增加动物多样性。

3.水域现状：水域面积较大，主要为雨水和地下水补给。通过配备蓄水植物，增加人工蓄水措施。

设计构想

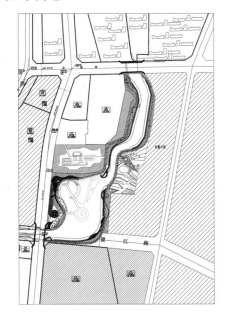 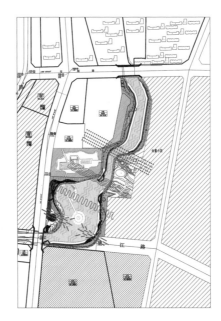 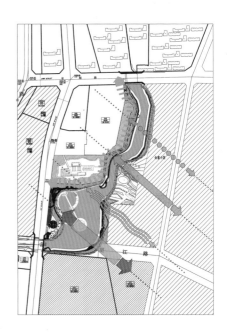

如何延续完成的建筑、景观在城市和场所的探讨中对空间的捕捉?

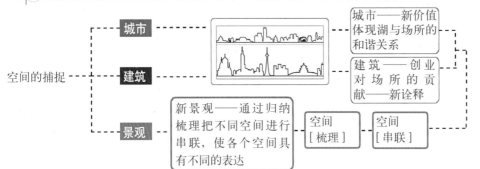

空间的捕捉

- 城市
- 建筑
- 景观

城市——新价值体现湖与场所的和谐关系

建筑——创业对场所的贡献——新诠释

新景观——通过归纳梳理把不同空间进行串联,使各个空间具有不同的表达

空间 [梳理]　空间 [串联]

通过不同形态的空间串联,形成形态丰富的当代城市滨水空间

环湖自行车赛道

设计构想

设计目的是通过设计，使原来丧失的旧城市中心得到回归，从而形成新的城市中心。设计本身考虑水与陆的关系，从而设计出季节沿岸。"符号"从水中提取元素，并符号化表达，最终应用于设计铺装。

原态　　丧失　　回归

[水] 与 [陆地] 的关系

符号：从水中提取元素，并图像符号化表达

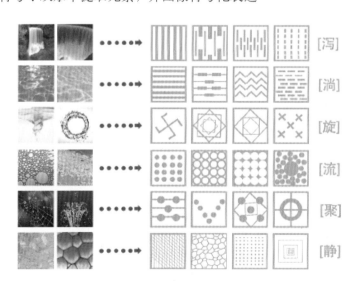

[泻]
[淌]
[旋]
[流]
[聚]
[静]

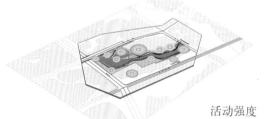

功能分区

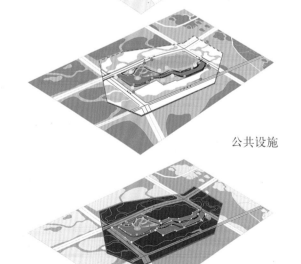

活动强度

公共设施

夜间照明

设计分析：平面总图

功能分区总平面

设计通过整体规划，通过不同形态的空间串联，形成形态丰富的当代城市滨水空间。主题划分为多功能建筑、工业博物馆、鹤湾、水上活动中心、工业遗址广场、民族艺术广场、环湖自行车赛道、环湖运动跑道、雕塑广场。

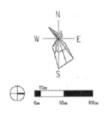

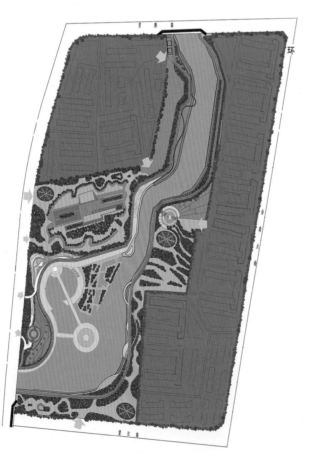

鹤湾

雕塑广场

多功能建筑

工业博物馆

环湖运动跑道

水上活动中心

工业遗址广场

民俗艺术广场

环湖自行车赛道

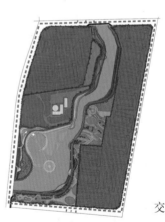

交通分析

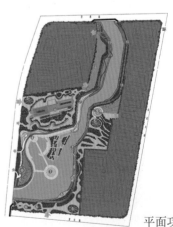

平面功能分析

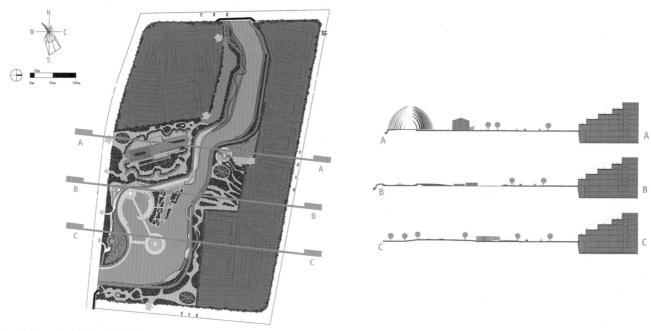

设计分析：剖面分析

地域环境

各类功能的相互组合以及通过设计营造现代、新颖、富有亲和力的艺术氛围带给人们尽可能丰富的空间体验；打破人们原有的对于美术馆的冰冷、生硬、呆板的空间印象；凸显设计的体验性、互动性以及大众参与性；在满足人们物质需求的同时，注重对于情感需求的满足；遵循人们渴望交流、互动的情感需求，对各个独立的室内空间进行连接，既保留各个空间功能的完整性、空间特征、情感类型，又共同构成整体的室内空间系统。营造空间的趣味性和艺术性，同时在设计过程中充分考虑到绿色设计、生态设计、无障碍设计的具体运用。

建筑单体设计：建筑形式由来

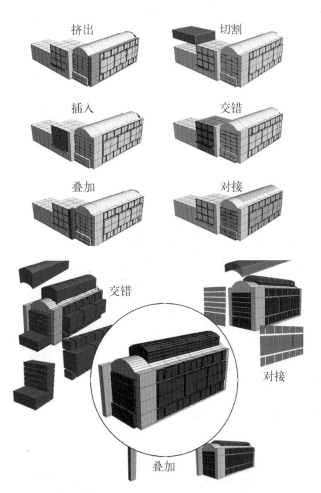

挤出　　　　　　切割

插入　　　　　　交错

叠加　　　　　　对接

交错

对接

叠加

工业博物馆建筑单体立面

建筑单体设计：建筑平面图 立面图

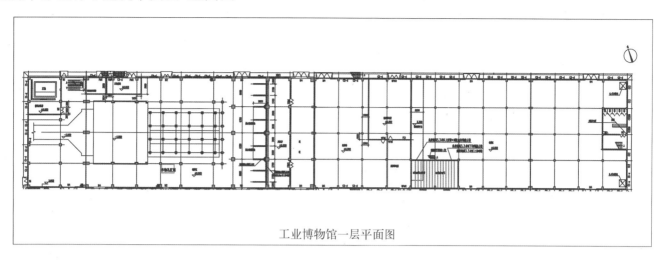

工业博物馆一层平面图

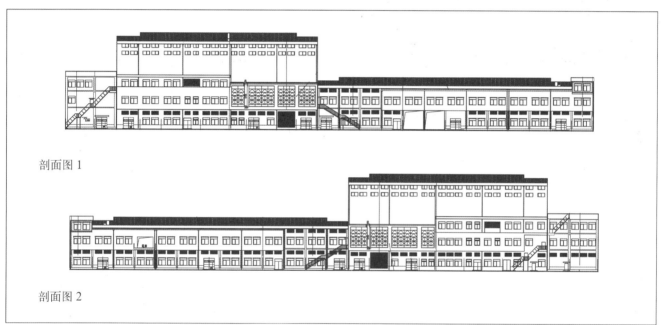

剖面图 1

剖面图 2

分区设计

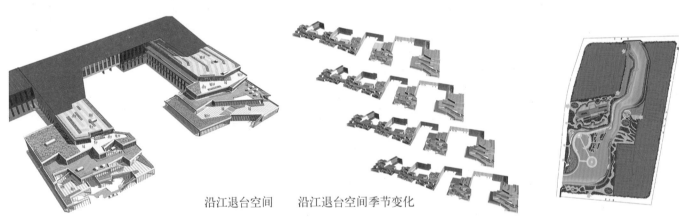

沿江退台空间　　沿江退台空间季节变化

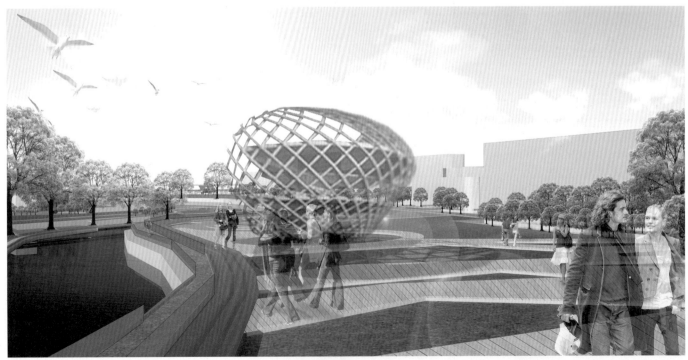

分区设计

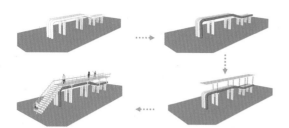

工业管道改造

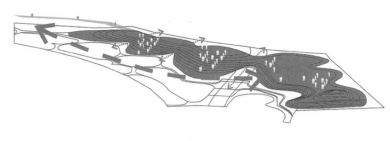

工业博物馆

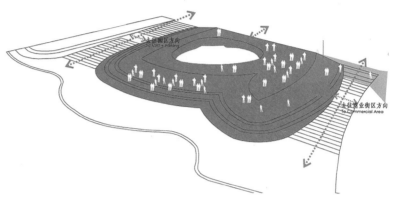

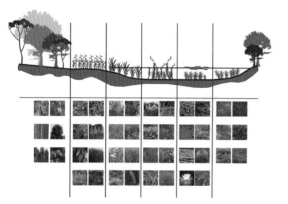

植物分布表

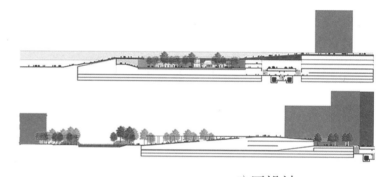

分区设计

景观节点空间关系

单体道路分区设计

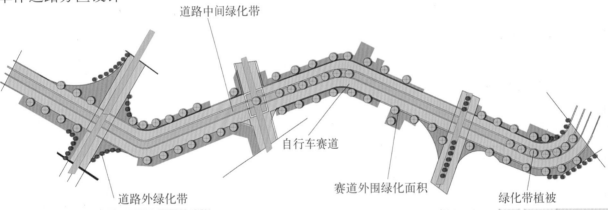

道路中间绿化带

自行车赛道

道路外绿化带

赛道外围绿化面积

绿化带植被

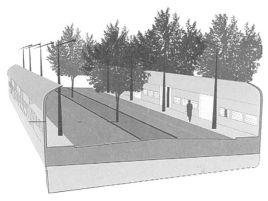

太阳能电池板

广告板

植物植于中间绿化带

动物地下通道

单体道路分区设计

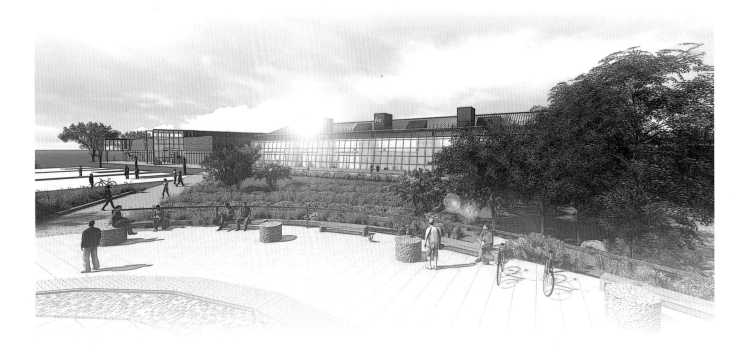

空间环境效果 1

空间环境效果 2

空间环境效果 3

空间环境效果 4

空间环境效果 5

二等奖

"米"生态圈济宁生态农业观光园设计

学　　生：蔡衍
责任导师：王铁
学　　校：中央美术学院

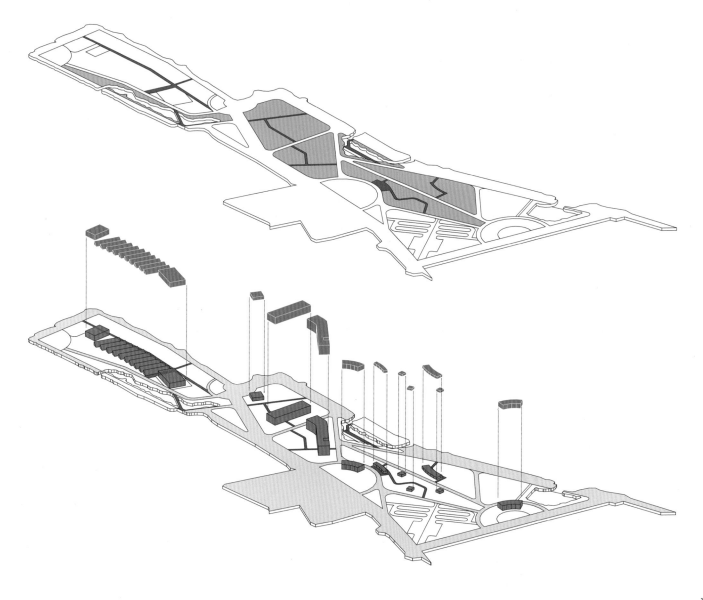

"米"生态圈济宁生态农业观光园设计

基地概况

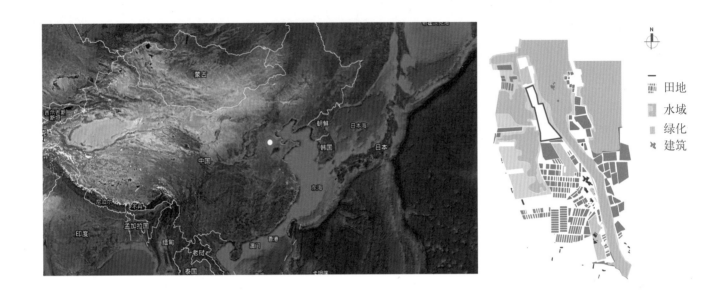

基地位于中国山东省济宁市南阳镇微山西北部，东经 116°、北纬 35°。项目面积为 230000m²，气候为暖温带季风气候，常住人口 30800 人。周边城市有济宁市、邹城市、滕州市、微山县、徐州市、沛县、鱼台县、金乡县、嘉祥县等九个城镇，水资源有南阳湖、独山湖、昭阳湖、微山湖等四片湖区。

现状为一片水上城镇，古老的京杭大运河穿岛而过，水上莲荷、苇田相连、明水相通，水上交通以小船为主，河湖串连，水路交错。

设计上以生态农业开发为基础，以创造优美的自然环境、生产优质的绿色农产品为宗旨，走农业观光、农村休闲度假之路。园区规划项目有采摘园、垂钓池、设施农业、农作物迷宫、田园风光区、生态养殖（野鸡、野兔、野猪、驴等）、野营烧烤等项目。

设施农业区：关键词：采摘、温室、餐饮	a. 设施农业区	采摘 温室 餐饮	采摘 温室 餐饮
特色养殖区：关键词：牲畜、野味	b. 特色养殖区	动物 野味	动物 野味
田园风光区：关键词：养殖、农事	c. 田园风光区	养殖 农事	养殖 农事
农作物迷宫：关键词：四季植物、观赏	e. 农作物迷宫	四季植物 观赏	四季植物 观赏
嬉水区： 关键词：水生植物、玩耍	f. 嬉水区	水生植物 玩耍	水生植物 玩耍
水果采摘： 关键词：果树、种植、采摘	g. 水果采摘	果树 种植 采摘	果树 种植 采摘
餐饮区： 关键词：饮食、住宿	h. 餐饮区	饮食 住宿	饮食 住宿
素质教育区：关键词：体验、学习	i. 素质教育区	体验 学习	体验 学习
水产养殖区：关键词：垂钓、养殖	j. 水产养殖	垂钓 养殖	垂钓 养殖

供给

需求

生成

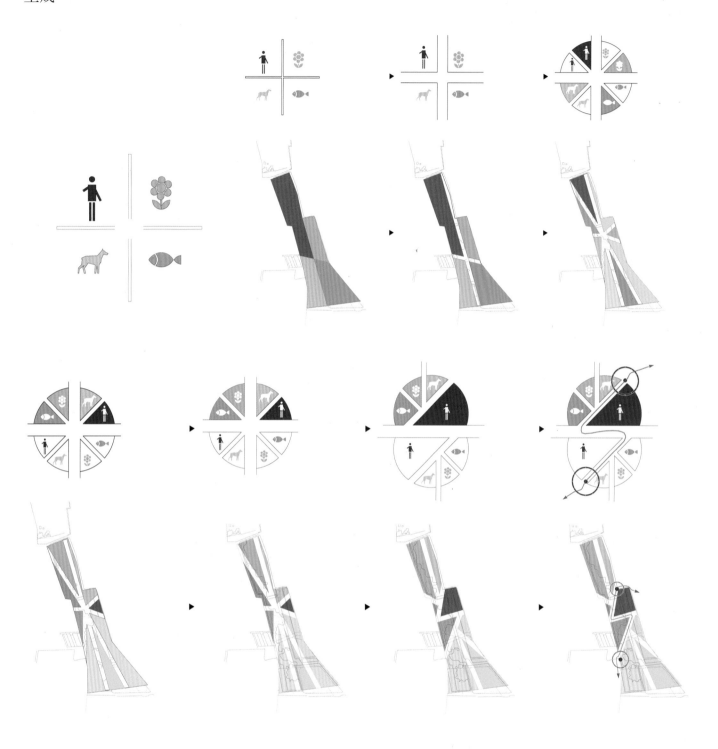

通过之前的任务书解读关键词和现场调研，把业态分为游客、牲畜、水产、农作物四类，游客项为住宿、学习、体验、餐饮，牲畜项为动物养殖、食用野味，水产项为垂钓、嬉水、水产养殖，农作物项为种植、采摘、温室、农事。用一个十字将基地原有的业态整合，解决现有耕地资源和水产分布零散和边缘化问题。接着细化单元格，把每一项分为供给和需求两项，用以增加植被、水文、食物链的层次。因此游客供给项为体验、学习，游客需求项为餐饮、住宿；牲畜供给项为动物养殖，牲畜需求项为食用野味；水产供给项为水产养殖、嬉水，水产需求项为垂钓、餐饮；最后农作物供给项为农事、种植，农作物需求项为蔬果采摘。

这样就形成了第一个"米"字。

接着，因为游客从南部进入观光园，所以设计中把供给项都移至米字模型的下半部分，而需求项都移至米字的上半部分，最后再进行对称式调整，使得每个业态周边都是与自己不同的业态，加大交流性。

交通分析

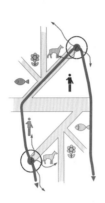

一级道路 25m

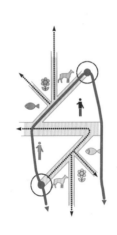

二级道路 14m

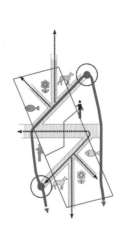

三级道路 8.5m

功能分析

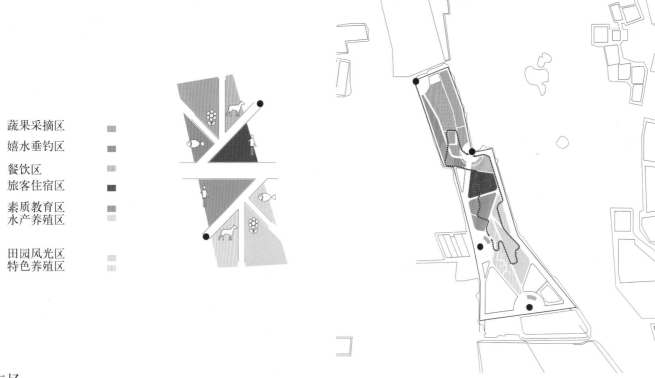

蔬果采摘区
嬉水垂钓区
餐饮区
旅客住宿区
素质教育区
水产养殖区

田园风光区
特色养殖区

停车场

在西南角设置停车场，提供大巴车和小轿车两类车型的停放，可以容纳大巴车14辆，小轿车104辆。设置在这是方便游客从西边主路进入园区，停车后可直接来到游客中心进入游览。

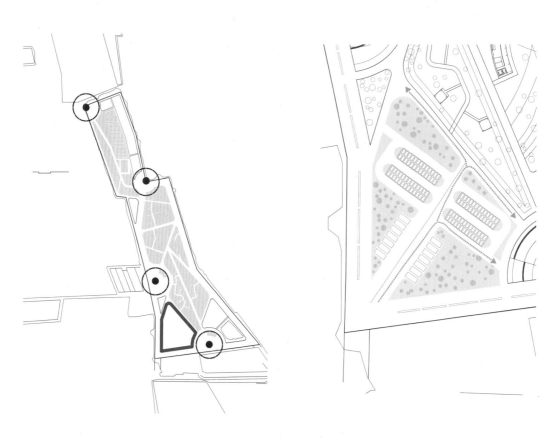

建筑生成

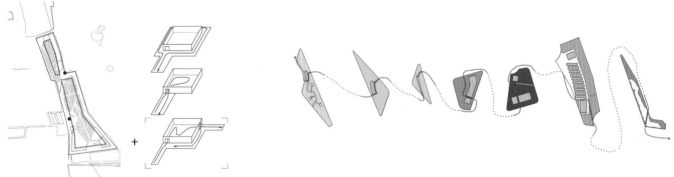

为了保证整个园区的视线通透，设计上先把项目红线往内部退 50m，在这个区域内设置建筑，其二，建筑在设置上内部的流线能与园区的流线相连接，而不是隔断的，所以建筑在位置选择上都放置在园区内部环线（三级道路）上，并且限高 20m。

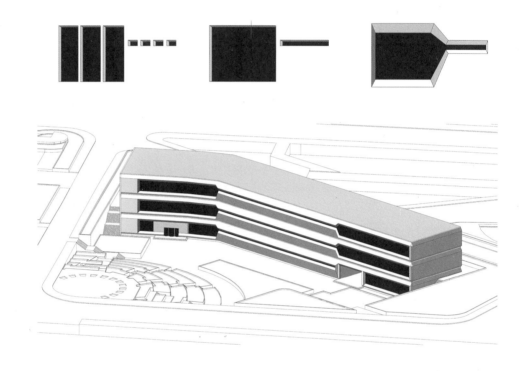

生态展览馆

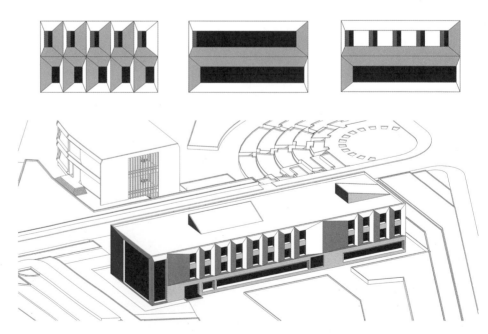

填充平面图

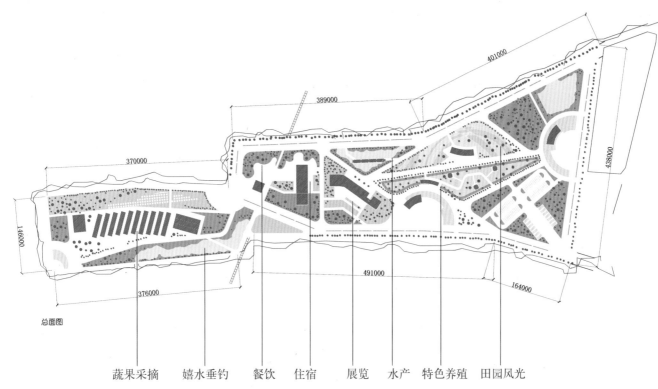

总面图

蔬果采摘　嬉水垂钓　餐饮　住宿　展览　水产　特色养殖　田园风光

展览馆二层平面图

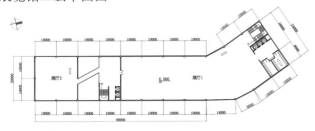

展览馆 A-A 剖面图

展览馆首层平面图

展览馆立面图

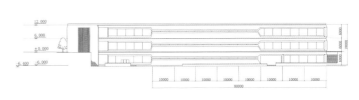

展览馆地下一层平面图

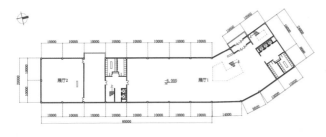

鸟瞰图

住宿中心馆三层平面图

住宿中心馆 B-B 剖面

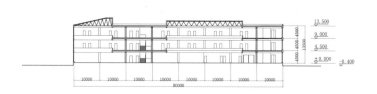

住宿中心馆二层平面图

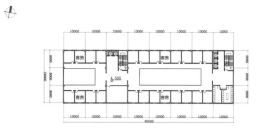

住宿中心馆立面

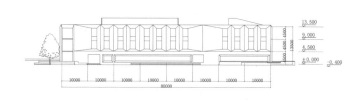

住宿中心馆首层平面图

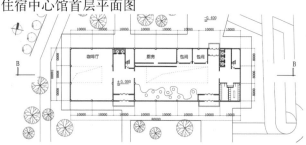

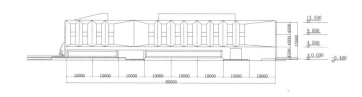

生态展览馆

特色养殖区

嬉水河岸

田园风光区

游客中心

迷宫区

二等奖

苏州工业园区水巷邻里会所室内设计

学　　生：董雪梅
责任导师：王琼
学　　校：苏州大学

门内有径，径欲曲；径转有屏，屏欲小；屏进有阶，阶欲平；阶畔有花，花欲鲜；花外有墙，墙欲低……
古人笔下向往的宜人居所，或隐士风格，追求的诗意情境，在此可得。

基地概况

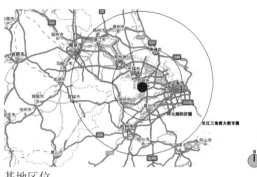  

基地区位

苏州，古称吴、平江，位于长江三角洲中部，东临上海，南连浙江，西傍太湖，北枕长江，处于环太湖经济圈与长江三角洲大都市圈核心腹地，气候温和，水网密布，有"人间天堂"之美誉。

基地位于苏州工业园区核心景区——金鸡湖边上，是沿湖八大景观区之一，东面与古色古香的李公堤隔桥相连，紧邻工业园区一二期的机场路，是一个集餐饮、娱乐、居住于一体的大型项目。

水巷邻里会所由五栋单体别墅组成，我选择的是临湖的E栋。经过调研和分析，得出会所有着不可复制的地理位置和较强的隐蔽性，周边业态种类全面，独栋会所设计私属氛围浓重，综合条件十分优越，是私人和企业会所的极佳选择。

会所定位

苏式文化气息浓厚，体现休闲、修身的个性化语言

会议场所封闭安静、自然资源良好

居住空间舒适度高

灯光不热烈，体现温和、居家氛围

软装贴近生活又不失品质档次

景观分析

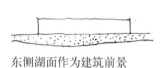

东侧湖面作为建筑前景　　　建筑利用水域作为景观

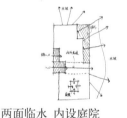 

两面临水　内设庭院　　　空间根据功能布局

平面分区

一层平面分区　二层平面分区　三层平面分区　地下层平面分区

空间流线分析

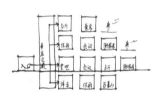 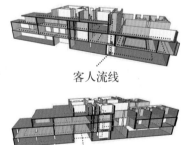

客人流线

服务流线

流线分析

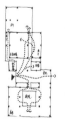 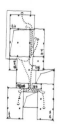  

一层流线分析　二层流线分析　三层流线分析　地下层流线分析分区

建筑造型分析

墙、水、径、院、桥、壁、巷、庭……行走于此，恍如置身江南山水画之境。

将建筑与庭院相结合，在"见"与"不见"之间造情造景，形成多个收放空间，将内部景观与城市景观相互渗透。

建筑外立面分析

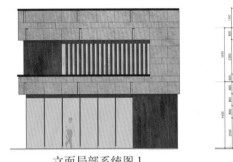

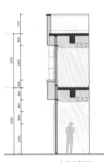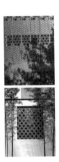

立面局部系统图 1　　　　　剖面图　　意向图　　　　立面局部系统图 2　　　剖面图　　意向图

大堂 & 堂吧设计

堂吧效果图

大堂 & 堂吧设计

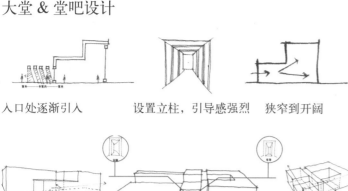

入口处逐渐引入　　　　设置立柱，引导感强烈　狭窄到开阔

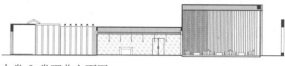

大堂 & 堂吧北立面图

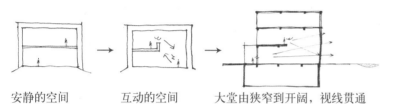

空间看似连接实则有分隔　　　　堂吧处可见内庭院

大堂 & 堂吧东立面图

安静的空间　　　　互动的空间　　　大堂由狭窄到开阔，视线贯通

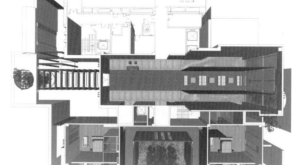

入口处空间贯通悠远　　　进入空间视线扩散，空间开阔

大堂 & 堂吧俯视图

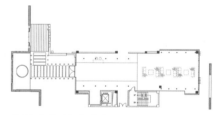

大堂 & 堂吧平面图　　　　大堂 & 堂吧地面图　　　　大堂 & 堂吧顶面图

大堂 & 堂吧材料选择

大堂 & 堂吧家具选型

大堂效果

堂吧效果

客房

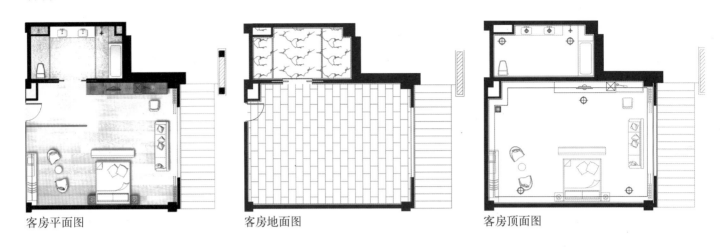

客房平面图　　　　　　　　客房地面图　　　　　　　　客房顶面图

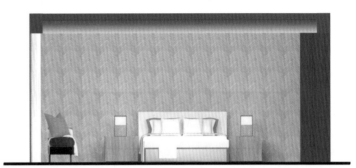

客房东立面图　　　　　　　　客房南立面面图

客房效果图

二等奖

山东省寿光新城市民文化艺术中心

学　　生：许放
责任导师：段邦毅
学　　校：山东师范大学

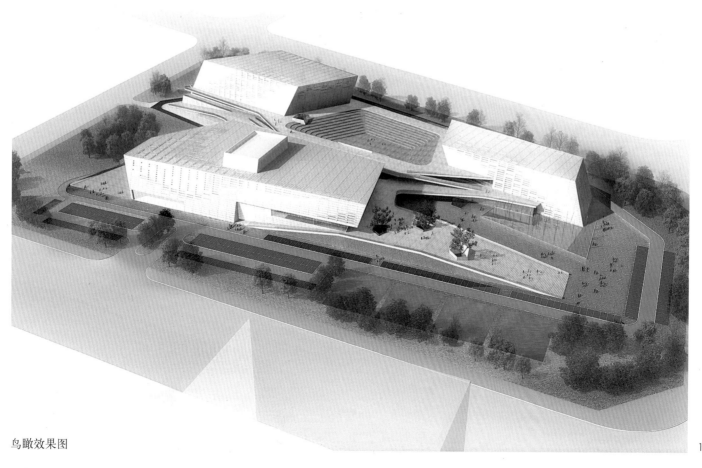

鸟瞰效果图

项目概况

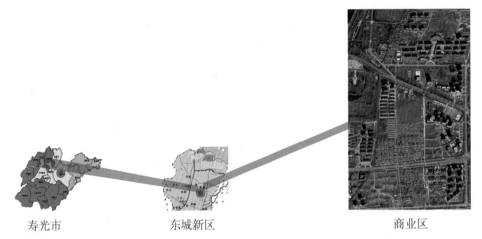

寿光市　　　　　　　东城新区　　　　　　　　商业区

项目地点：德润绿城位于寿光新城核心区域，弥河之东。距寿光主城区约 7 公里。

项目简介：项目东侧为寿光市东城公园、寿光蔬菜科技园国际会展中心、寿光市体育馆、游泳馆、市民健身中心；南侧是正在规划中的李家居住区；西侧拥揽绝版弥河景观资源，200 万平方米生态湿地公园荣膺国家 4A 风景区——弥河风景区、晨鸣国际大酒店、高尔夫球场，隔河与寿光市委、市府办公区相望；北侧汇聚商业中心、企业家总部、行政中心、名牌学校。

空间规划设计

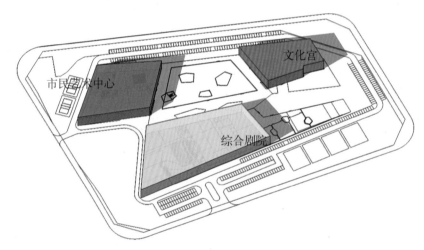

　　根据项目的特性，我们将建筑划分为三个体量，市民艺术中心、文化宫、综合剧院，彼此相对独立。让市民与建筑的互动界面更加的丰富和开放。

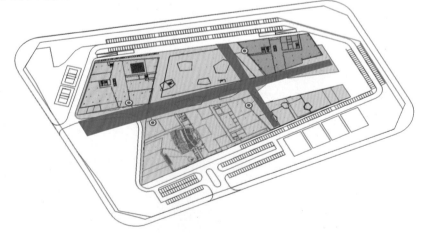

　　用地南北靠近城市文化景观轴线的两端适合布置公共的集散广场，提供市民驻足观看的场所，也将成为建筑与城市之间的缓冲。建筑三个分区之间形成公共通道，易于辨识、使用高效。

空间规划生成

艺术文化源于市民，场所的布局方式将影响市民进行艺术文化活动的方式。

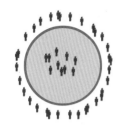

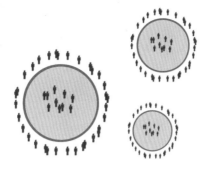

集中式布局

集中式布局将市民的活动严格的划分为内外两个界面。场所表现出严肃而冷漠的性格。

分散式布局

分散式布局可以产生丰富的互动界面。场所表现出开放而活跃的性格。

聚散性

展览功能具有更强的开放性和互动性，我们将这部分功能布置在建筑群体的中央，聚集人气。

竖向分析

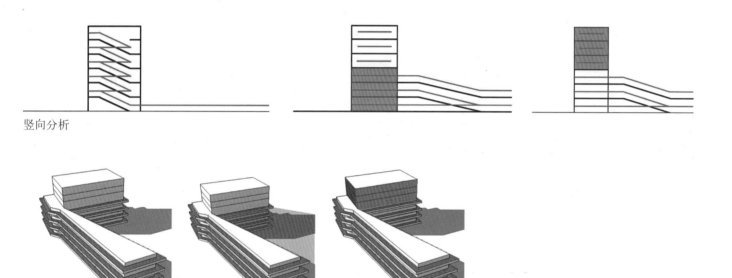

竖向空间

通常建筑的垂直交通集中布置在内部，这种封闭的交通方式将人们更多地集中在建筑内部，楼层上下联系疏离。我们尝试将部分垂直系统布置在建筑外侧，用坡道结合平台，形成更为亲切的内外界面，使得每个楼层都能够直通室外。

将具有公共性和开放性的功能布置在一至三层，结合开放式的外廊平台，市民的活动从内部往室外扩展。

将相对需要安静及不需要开放性的功能布置在四层及四层以上。

空间元素分析

元素的提取，来自寿光母亲河——弥河，运用水流的自然流动、可变性和塑造性来营造室内空间。再加上河水延绵的弧线造型，让室内极富动感与流动性。

竖向分析

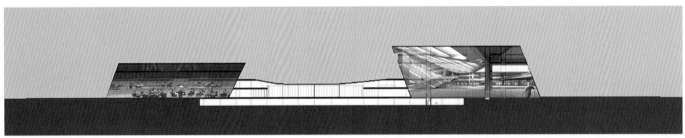

1—1 剖面

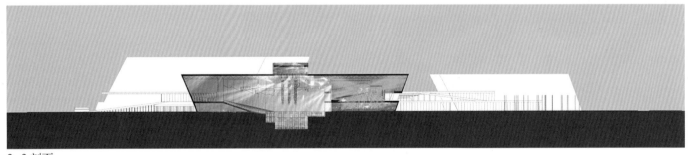

2—2 剖面

平面分析

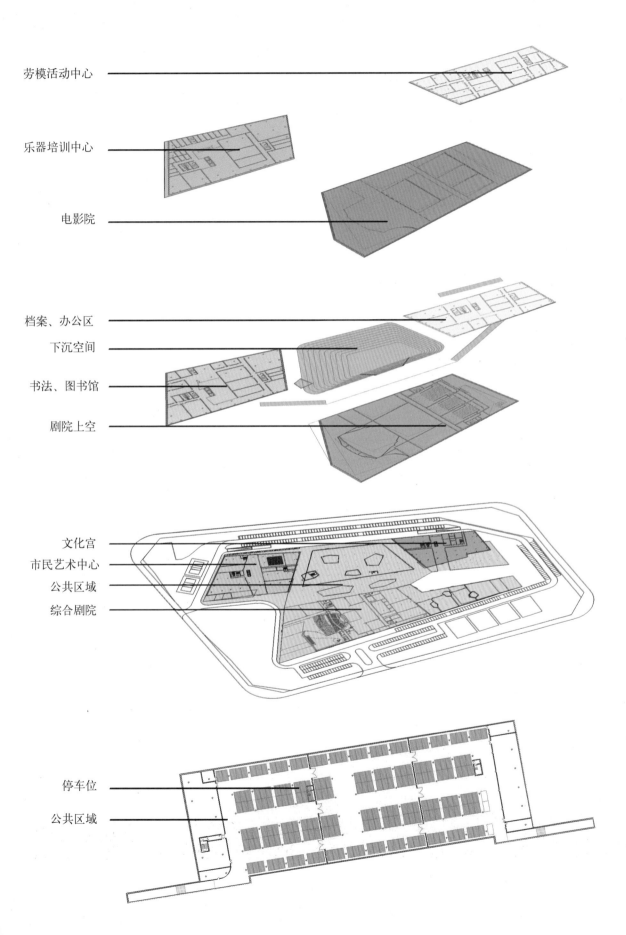

劳模活动中心

乐器培训中心

电影院

档案、办公区

下沉空间

书法、图书馆

剧院上空

文化宫

市民艺术中心

公共区域

综合剧院

停车位

公共区域

外立面分析

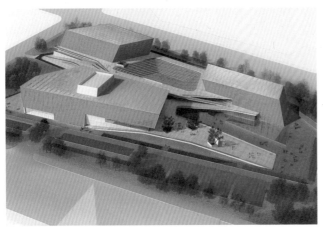

建筑外立面

建筑表面采用白色穿孔铝板，有效遮挡东西两侧的直接日照。

我们为建筑立面设计了5种模数的开窗形式，形成丰富的立面肌理，同时为部分室内空间提供直接的采光窗口，建筑整体洁白而素雅，形体完整而具有雕塑感。

效果图展示

室外空间

中庭

展厅交通空间1

夜景效果

空间表现

展厅交通空间 2

走廊等候区

回廊

图书阅览室

书法墙

休息长廊

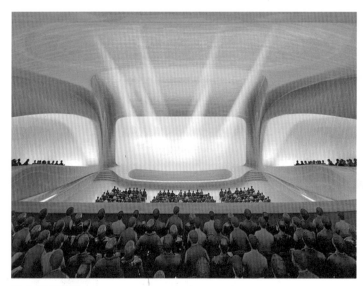

综合艺术剧院

小型影厅

二等奖

匈牙利布达佩斯"风之门"环境改造项目

学　　生：4 人设计小组
(Alexandra Peto/Balazs Kokas/Barnabas Kozak/Peter Zilahi)
责任导师：Dr.Balint Bachmann
学　　校：匈牙利佩奇大学 PTE 学院

Our conception was the reinterpretation of a former industrial area in a location well-marked in the center of Budapest.

我们将赋予这个位于首都市中心最显眼位置的老工业区一个全新的定义。

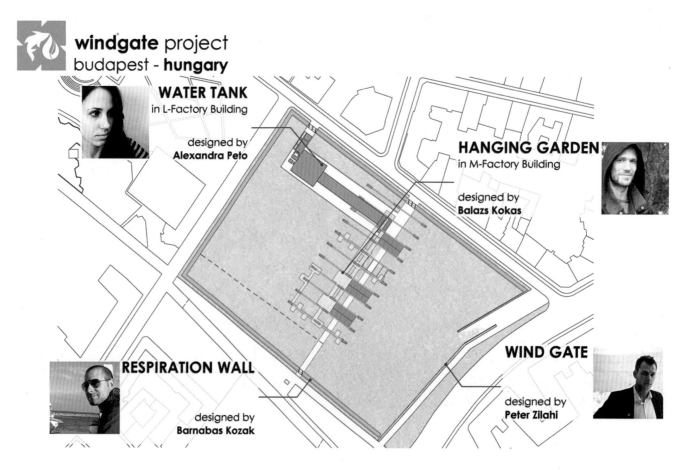

基地概况

Our project location is a former industrial area in the center of Budapest.The main intension is to create a new green area and preserving the architectural heritage, while ensure the ventillation of the boulevard.Our conception was the reinterpretation of a former industrial area in a location well-marked in the center of Budapest.A park and a green factory with an autonomous system was designed in the area.

我们的项目是位于布达佩斯的中心地段的前工业区。改造项目主要致力于创建一个新的绿色区域，确保 ventillation 大道同时保护建筑遗产。我们将赋予这个位于首都市中心最显眼位置的老工业区一个全新的定义。我们将整个园区设计成一个具有自治系统的公园和绿色工厂。

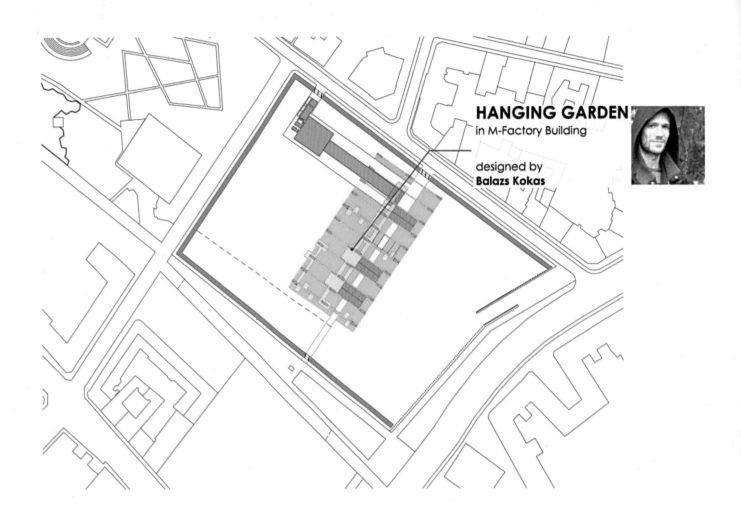

HANGING GARDEN
in M-Factory Building

designed by
Balazs Kokas

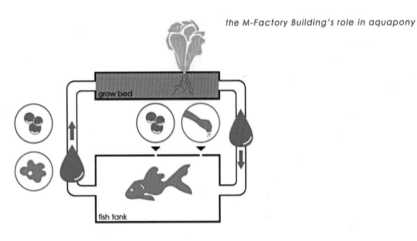

the M-Factory Building's role in aquapony

grow bed

fish tank

Aquaponics is a connected fish breeding and vegetable growing system working autonomously.

所谓"共生"系统就是连接鱼类繁殖和种植蔬菜的自动工作系统。

With the usage of sunlight algae grow and become food for fish. The fish produce nutrients for the vegetables grown and those clear the water for the fish in exchange.

通过阳光促使藻类植物生长，成为鱼的食物；鱼类的粪便产生养料，为种植蔬菜提供养分；通过这个循环可以过滤鱼缸里的水。

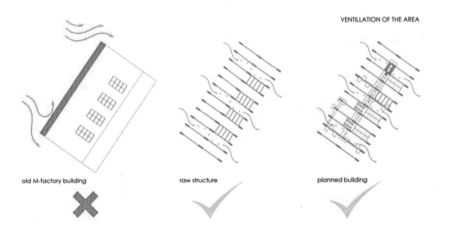

VENTILLATION OF THE AREA

old M-factory building

raw structure

planned building

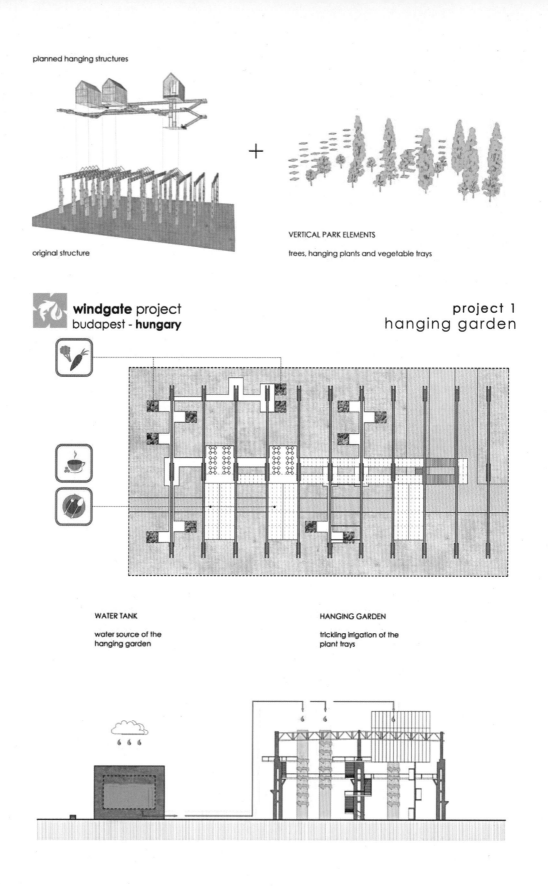

planned hanging structures

original structure

+

VERTICAL PARK ELEMENTS

trees, hanging plants and vegetable trays

windgate project
budapest - **hungary**

project 1
hanging garden

WATER TANK

water source of the
hanging garden

HANGING GARDEN

trickling irrigation of the
plant trays

The Water Tank provides water for the hanging garden, solar powered pumps drain the water to the plant trays. The planned other functions are a café, a restaurant where visitors can taste the local bio food and resting and picnic terraces hanging over the trees.

水箱为空中花园提供水，太阳能水泵将水导入到植物托盘。其另外的功能是一个咖啡厅和餐馆，游客可以在这里休息并品尝这里的特色生态食品，或者在空中花园野餐。

windgate project
budapest - **hungary**

project 1
hanging garden

windgate project
budapest - **hungary**

project 1
hanging garden

windgate project
budapest - **hungary**

project 1
hanging garden

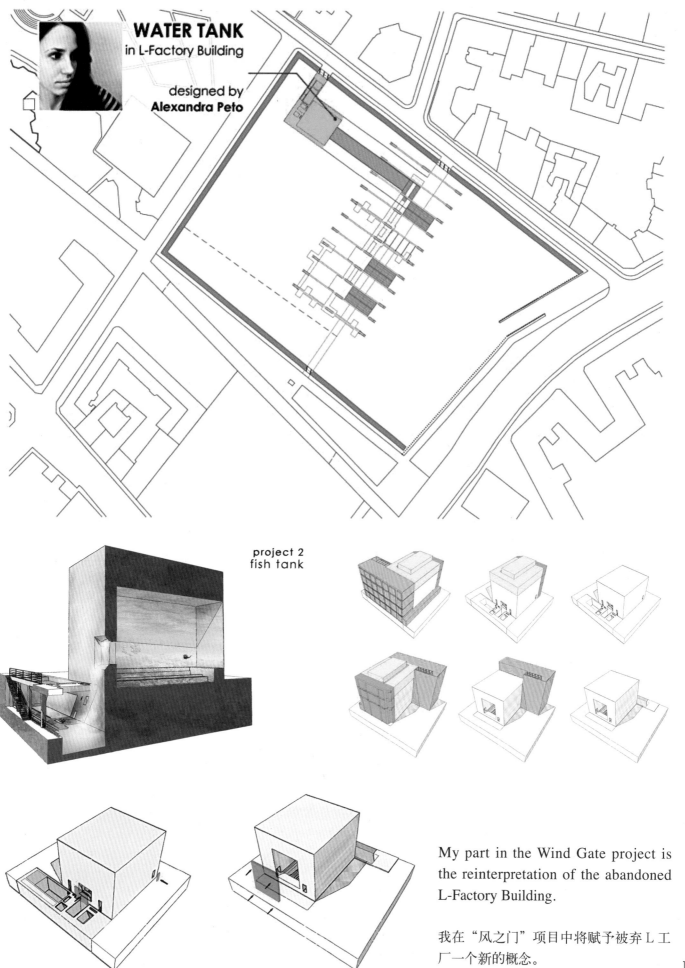

WATER TANK
in L-Factory Building

designed by
Alexandra Peto

project 2
fish tank

My part in the Wind Gate project is the reinterpretation of the abandoned L-Factory Building.

我在"风之门"项目中将赋予被弃L工厂一个新的概念。

143

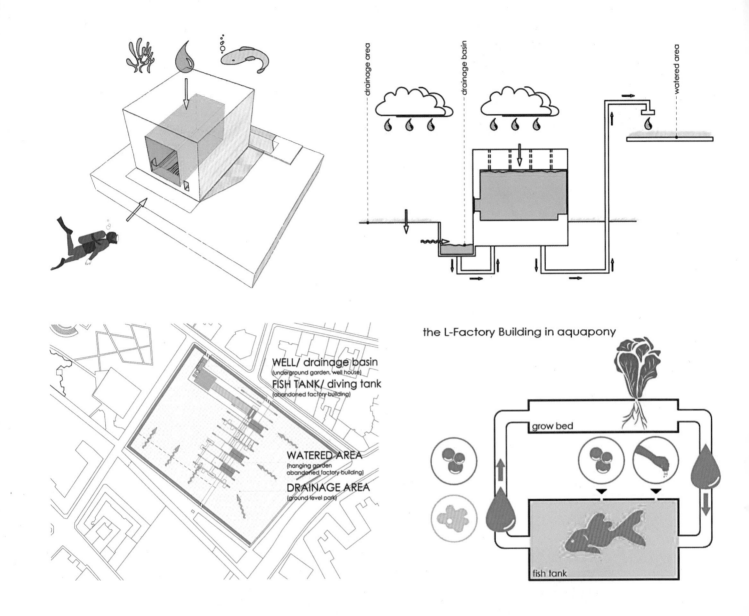

the L-Factory Building in aquapony

WELL/ drainage basin
(underground garden, well house)

FISH TANK/ diving tank
(abandoned factory building)

WATERED AREA
(hanging garden
abandoned factory building)

DRAINAGE AREA
(ground level park)

grow bed

fish tank

In the green factory, this industrial facility gets a new function as a segment of aquapony. The fish tank is supplemented with a drainage basin, which gathers water from the field of the park. The basis of the conception is the clearing of the structure from the ill conditioned parts. The result is a huge reinforced concrete cube with wide, circa 2, 5 m walls. Inside the cube there is the presentation of the aquatic life of the Danube, and as the main attraction, the visitors can go diving, and observe the surrounding wildlife. How can the tank be filled? The drainage basin as a well gathers the water from the area of the green factory. After that, it fills the aquarium, in which the fishes add nutrients to the water. The hanging garden is watered with this nutrient-rich water.

这个绿色工厂为"共生"系统提供了一个新的功能。整个公园的水被收集起来，形成一个集水流域，不断补充到地势最低的水族馆里。水族馆的基本设计理念就是清除原有旧厂房无用的结构部分。得到的结果是一个巨大的钢筋混凝土立方体，墙体宽大约2.5米。作为整个公园的主要景点，"水立方"内部将展示各类多瑙河的野生水族生物，游客可以去潜水，观察它们。水族馆怎么填充？集水流域收集水分填充水族馆，然后经过鱼类的排泄使水里包含养分，再利用这些营养丰富的水灌溉空中花园的作物。

The fish tank is the "generator" of the green factory. Despite of this is a monumental concrete cube, it can work interactively. The natural waterlife can be observed and even diving is possible.

水族馆是整个绿色工厂的"生成器"。这个巨大的混凝土立方体可以提供多种交互式体验：可以观察野生水生物，也可以进行跳水等娱乐项目。

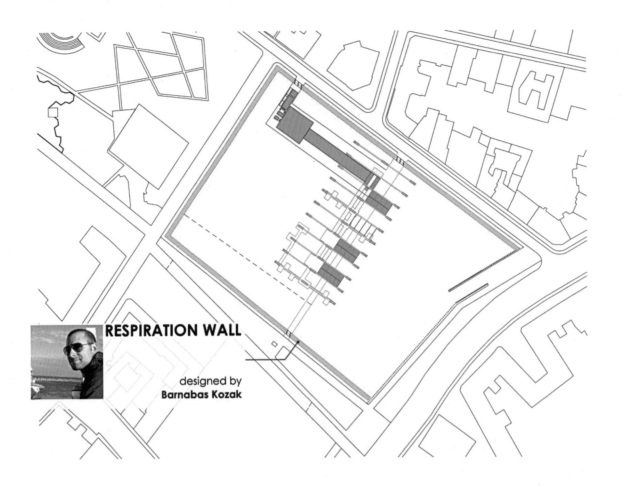

RESPIRATION WALL

designed by
Barnabas Kozak

millendris park

high trafic load
around area

mamut shopping center

One of our goal is to protect the area from surrounding harmful effects.

我们的目标之一是保护该地区不受周围那些有害的影响。

mamut shopping center

day

👥 open public space

🏔 noise and air pollution reduction

👨‍👦 secure area

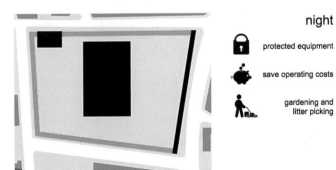

mamut shopping center

night

🔒 protected equipment

🐷 save operating costs

👨 gardening and litter picking

We create a special wall around the area to create a comfortable city park.The connection between the people and the area is very important therefore we open the wall in many place.At night the wall it closed, this protect the area and its valuable plants.The main design idea are fish's gills, which is a fantastic system.

我们为这个区域设计一种特殊的围墙，构建一个舒适的城市公园。开放式的围墙用于确保人们可以随意进出公园。夜晚，围墙墙体关闭，这样可以维护整个公园以及公园里的植物。设计主要灵感来源于是鱼的鳃，这是一个奇妙的系统。

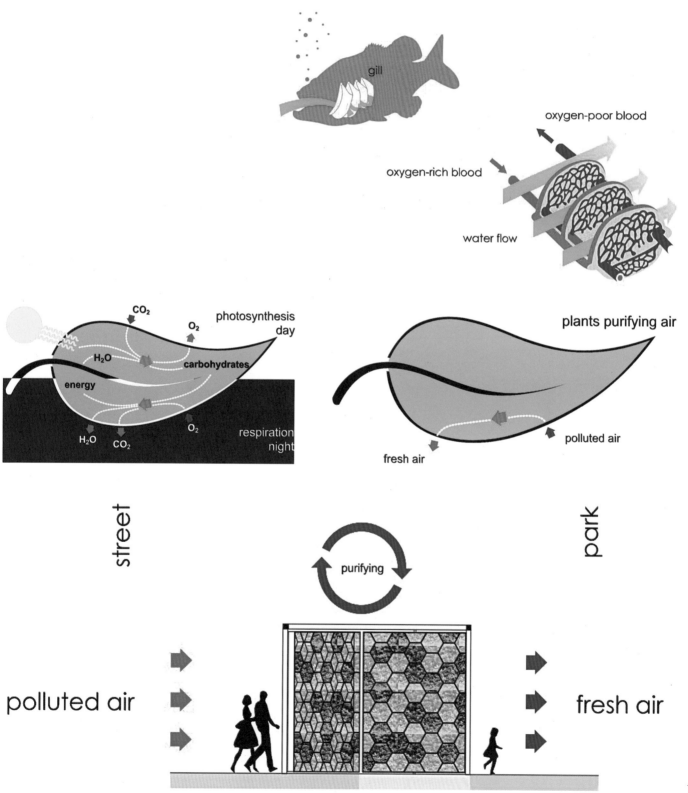

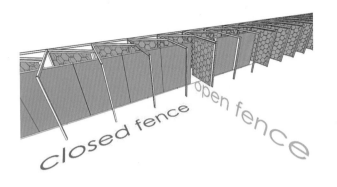

closed fence

open fence

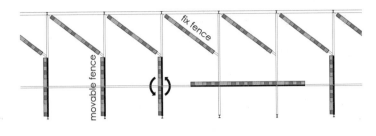

fix fence

movable fence

floor plan section

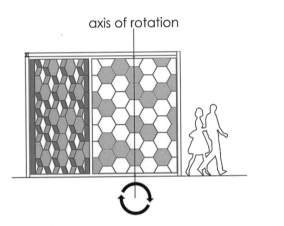

axis of rotation

hexagonal planting pot

hexagonal lattice fence element

cross-section - open position

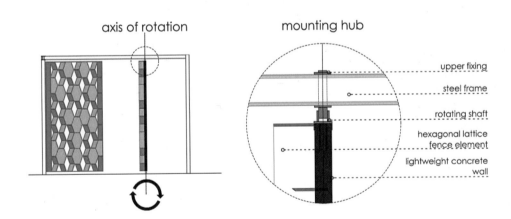

axis of rotation

mounting hub

upper fixing

steel frame

rotating shaft

hexagonal lattice fence element

lightweight concrete wall

cross-section - closed position

The idea is a special multifunction wall which is framed the area. The 5 m wide wall is planted by air purifier plants, example ivy or ficus. On open phase people can reach the park across the wall gaps. The wall is divided into two regions, there is a movable and a fixed part. The wall is made by honeycomb form steel, which contain the planting pots.

这个多功能墙体的创意是专门针对该区域所构建，每扇门宽5米，种植一些叶类绿植，例如常青藤或无花果科植物，成为空气净化器。在开放时段人们可以穿过墙体的缺口进入公园。墙体分为两个部分：一部分是可移动的，而另一部分是固定的。墙体是由蜂窝式钢结构构成，每个单位格内含有种植盆。

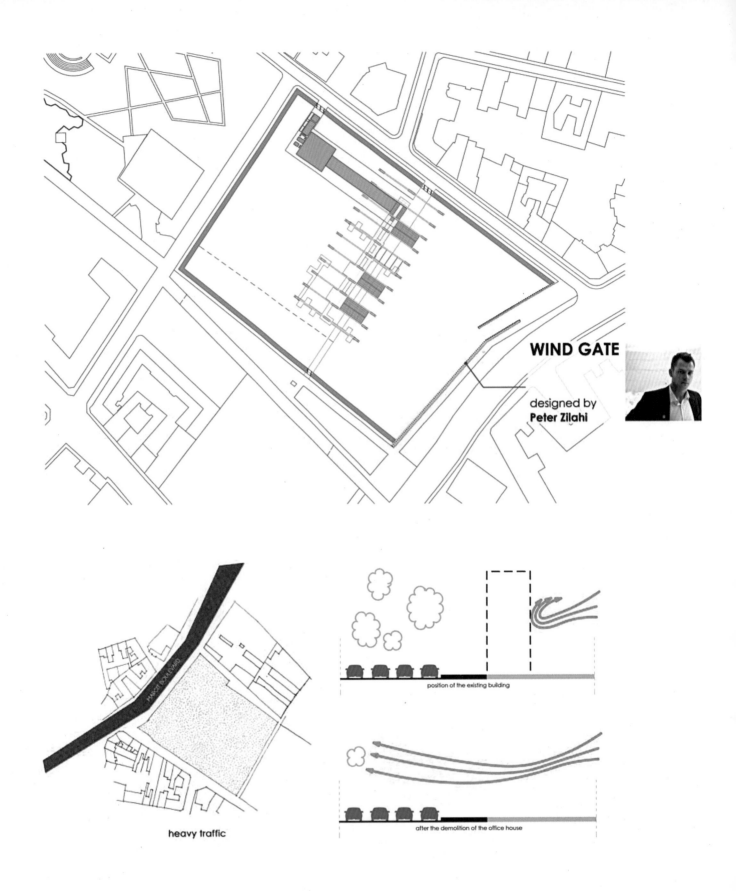

WIND GATE

designed by
Peter Zilahi

heavy traffic

position of the existing building

after the demolition of the office house

The heavy traffic of the Margit Boulevard produce noise and smog. Today the existing govermental building blocks the wind tunnel. The wind will clean out the boulevard after the demolition of the building.

玛吉特大道的糟糕的交通拥堵产生大量噪声和尾气。目前，现有厂房阻挡了来自公园的风的流通。旧厂房拆迁后，洁净的风将顺畅地吹到街道。

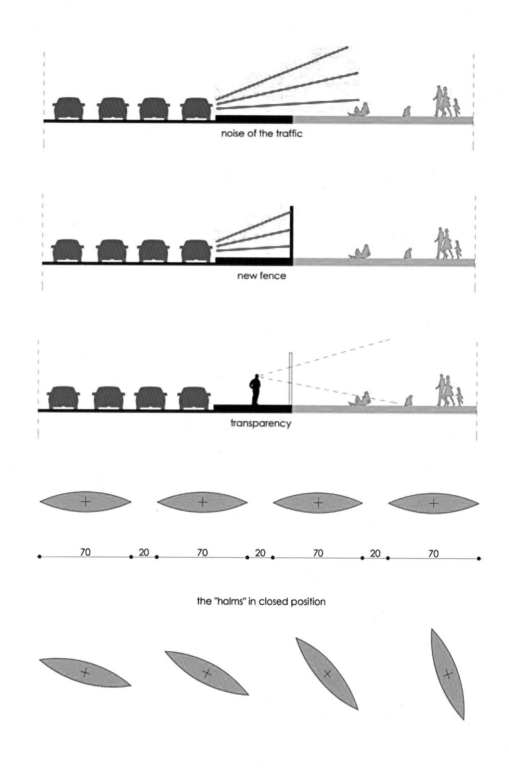

noise of the traffic

new fence

transparency

70   20   70   20   70   20   70

the "halms" in closed position

the "halms" rotate with the traffic

In that case the park will connect directly to the Margit boulevard, but the noise of the traffic is too loud for a park.It's necessary to create a fence against the noise of vehicles.But in the same time we have to hold the visual connection between the street and the park.The cross-section of a hulm was modelled as the cross-section of the new fence.They are movable by a central axis.

拆除旧厂房后，公园将直接连接到玛吉特大道，但是对于一个公园来说，来自交通的噪声实在太吵了。有必要为公园创建一个栅栏阻挡来自车辆的噪声，但同时我们又必须保持街道和公园之间的视觉联系。新栅栏的截面形态将采用草的叶茎的截面形状。在中心轴的控制下它们是可移动的。

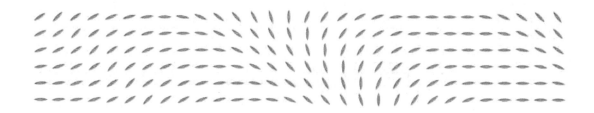

waveing of the halms

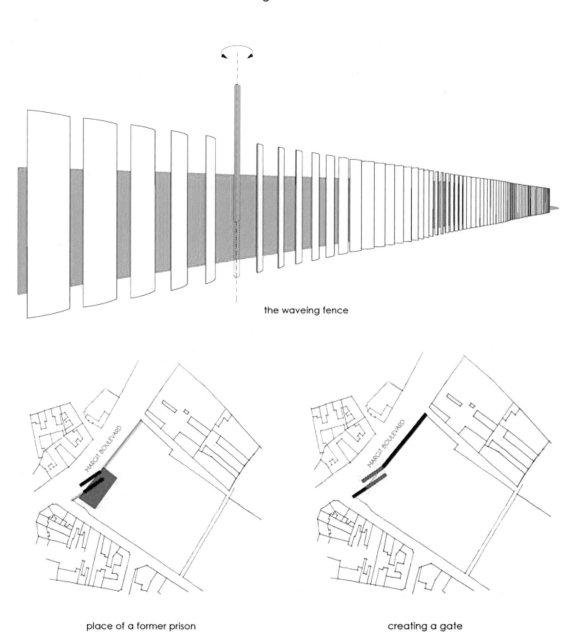

the waveing fence

place of a former prison

creating a gate

The fence closes our site area, but it necessary to design a gate, which can be a mark. The prospective place of the gate have depressing history.The prison was used to torture and kill people under the Nazi period.

栅栏有效地分隔了公园与街道，但有必要设计一个具有地标性的大门。即将建造的大门为了纪念一段令人沮丧的历史。图中红色建筑是纳粹时期用来折磨和杀人的监狱。

the former prison

where was killed hundreds of people
because of political reasons

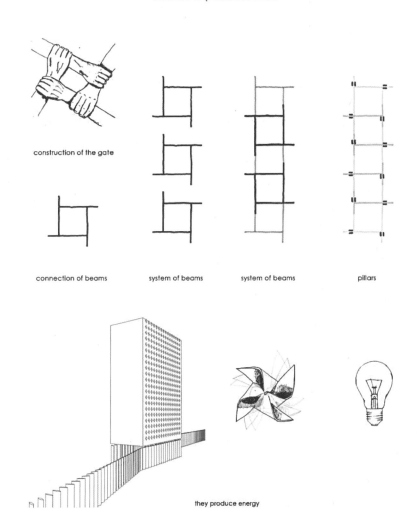

construction of the gate

connection of beams   system of beams   system of beams   pillars

they produce energy

The main element was the allegory of the union.The construction is the abstraction of the allegory.The beam construction is able to work as a system.Onto the main construction are installed a breathable membrane and 300 white windflowers. The windflowers are meorials for the victims of the former prision.They produce energy in the same time with windpower.

主元素寓意着联合。这个建筑物我想运用抽象语言表达寓意。这些射线构造将构成一个可运作的系统。建筑上安装透气膜和 300 个白色的风车，风车是为了纪念那些曾在纳粹监狱里饱受折磨的受害者，它们通过风能在同一时间产生能量。

windgate project
budapest - **hungary**

windgate project
budapest - **hungary**

project4
wind gate

三等奖

山东省济宁市微山湖民俗文化体验馆室内设计

学　　生：苏雯
责任导师：彭军　高颖
学　　校：天津美术学院

夜景鸟瞰

历史演变

基地概况

该项目位于山东省济宁市南阳镇。距济宁市区约40公里，位于微山湖北部的南阳湖中。古镇北依济宁城区，紧靠山东三大都市带，南面是江苏的苏北地带，东面是孔孟故里曲阜、邹城，西面是牡丹之乡菏泽，南阳镇离京福高速30公里，距济宁机场60公里，区位优势明显。

项目理念及意义

为响应山东省强省的战略，同时实施及济宁市文化强市、旅游兴市的战略，通过南阳镇自身的文化特点，文化脉络挖掘、整合资源，建立起具有当地特色的民俗体验馆。

建筑将成为地标性建筑。

室内设计能整体上起到挖掘地域最丰富、最壮丽的人文资源。

· 设计时将会平衡政府、环境及游客之间的关系

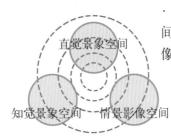

· 室内展示设计将直觉景象空间、知觉景象空间及情景影像空间穿插运用。

项目文化背景

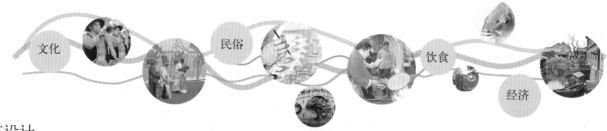

建筑设计

微山湖被誉为中国"荷都"，每年举行微山湖红荷文化节，并流传着关于荷花的美丽传说。提取荷花作为建筑设计意向。

荷花的气质：
干净、纯洁
优美、典雅
出淤泥而不染

喜静　　　　　　茎直　　　　　　花形　　　　　　含苞

· 建筑所展示的是根植于微山湖本地的民俗文化，建筑本身应当也是融入碧水蓝天之间的。

建筑形态研究

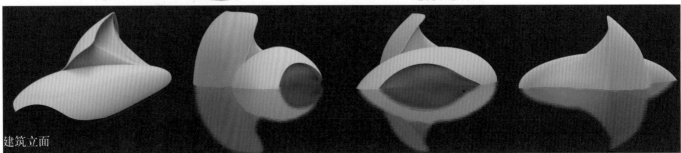

建筑立面

建筑表皮

建筑外立面将选用双重曲面的玻璃纤维增强复合材料（GFRP），每一个曲面都覆盖了一层亚光不锈钢板。这种特殊的 GFRP 复合材料最终为建筑带来了无缝流畅的立面效果。

· 可设计性材料
· 参数化设计
· 节能型材料

· 新加坡艺术科学博物馆

建筑立面

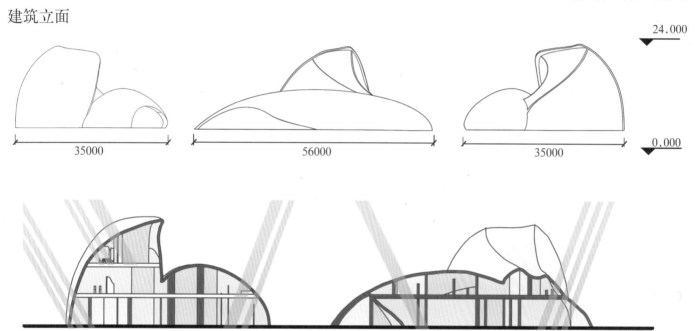

24.000

35000　　56000　　35000

0.000

光环境分析图

建筑效果图

室内设计出发点

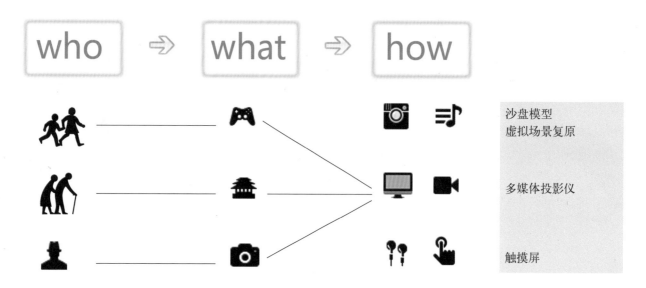

			沙盘模型 虚拟场景复原
who	what	how	
			多媒体投影仪
			触摸屏

体验馆展示脚本设计大纲

碧水映荷	序厅	优美的自然环境，地理位置
渔家风情	生活馆	衣：衣着、饰物、发型、特色服饰　　食：地方名吃、日常饮食、宴席 住：民居、渔家船　　　　　　　　　行：运河船帮、鲜鱼行
益风遗俗	习俗馆	渔家婚礼、生育仪俗、寿礼、贺礼、丧礼
百花齐放	民间文化馆	端鼓腔、渔歌、微山唢呐、火书艺术、手工艺品
人杰地灵	名人传说馆	名人：微子、目夷、张良(微山三贤)　少康中兴　威继光　王叔和 传说：梁山伯与祝英台　女娲

空间功能链接

■ 一般观众流线
■ 专业人员流线
■ 管理 经营流线
■ 展品流线

图书资料

报告厅　休息　书店　纪念品　特殊陈列　研究室

停车　门厅　茶座　陈列室　馆长 接待　会议 办公　消防 控制

售票　存包　问询　室外展场

报告厅　展品修复中心

CAD 平面图

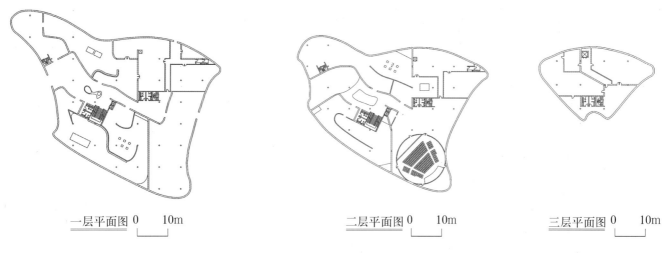

一层平面图 0   10m

二层平面图 0   10m

三层平面图 0   10m

室内功能分布图

一层

二层

三层

门厅
序厅
生活馆
习俗馆
临时展厅
办公区
文物修复区
垂直交通
卫生间

民间文化馆
名人传说馆
银幕影院
办公区
会议、接待区
垂直交通
卫生间
休息区

民俗餐厅
手工艺学堂
垂直交通
卫生间

展馆功能空间比例

展览区 4147m²

办公区域 1215m²

其他 1753m²

体验区
810m²

银幕影院 850m²

垂直交通

主要垂直交通
紧急垂直交通
无障碍电梯

各展厅标示样本

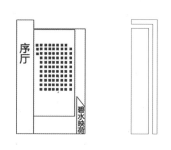

正视图　　　　　　侧视图

顶视图　　　　　　0　　1m

文化的厚重感，材料的层次感是标示样本设计最想表达的。

选择分量感强的石材，带有自然纹理的木材，利用二者天然的特质碰撞出色彩及材质的反差。利用凹凸的文字以及恰当的灯光，营造层次感。

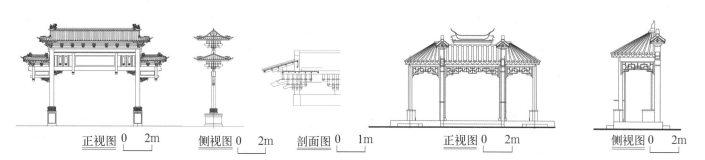

正视图 0　2m　　侧视图 0　2m　　剖面图 0　1m　　正视图 0　2m　　侧视图 0　2m

室内节点大样—生活馆·牌坊　　　　　　　　　室内节点大样—习俗馆·戏台

大厅效果图

大厅前台将二维的荷花花瓣的脉络抽象为三维的立体空间，营造立面的层次感。纵向方向的设计采用直通二层回马廊的线性雕塑，深化荷花富有韵律的美感。

生活馆效果图

(上图)

·通过多媒体投影仪，虚拟场景营造等多种展示手法。带动视觉听觉感受，使人有身临其境的感受。

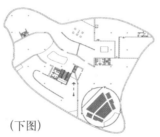

(下图)

·灰色的墙面，柔和的灯光，利于营造微山湖名人伟岸的形象。触摸屏的设计增加参观的趣味性。

名人馆效果图

民俗馆效果图

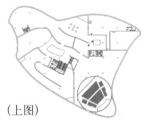

（上图）

·利用 3D 成像技术以及 1:1 实景模型，来展示"戏在船上唱，人在船上听"渔家特色的端鼓腔。

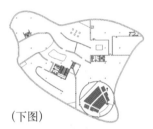

（下图）

·沿袭荷花的韵律美感，利用带有规律的曲线，营造动态空间。

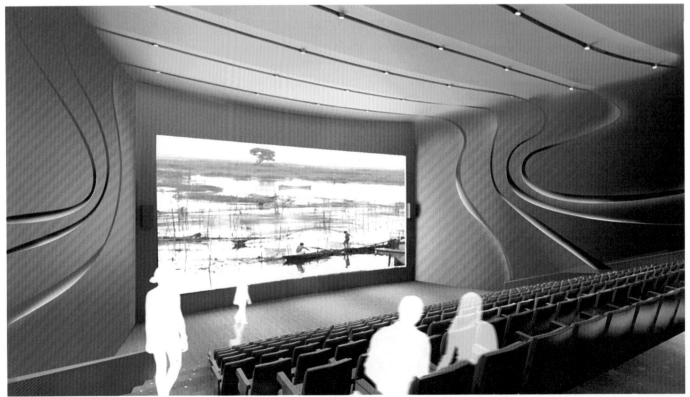

银幕影院效果图

三等奖

深圳市白石洲城中村空间改造设计

学　　生：陈思多
责任导师：李飒
学　　校：清华大学美术学院

基地概况

白石洲片区地处广东省深圳市南山区，位于深圳市最主要的干道——深南大道北侧，现为深圳市最有代表性与关注度的城中村之一。

目前白石洲片区的楼房建设量极大，村内密布的廉价出租屋建筑面临着：建筑间距、防火、排水、通风、垃圾运输等均无法保证居住建筑的最低标准的问题，同时也缺乏必要的配套设施与公共活动空间。

上述环境问题，不仅妨碍片区的进一步发展，也已对城市的整体形象和发展产生不良影响。白石洲城中村的居住空间问题，吸引着全市人民的目光。

南侧：
国家 AAAAA 级景区"世界之窗"
金三角商业大厦及户外停车场

东侧：
商品房住宅小区
购物休闲中心

北侧：
商业、工业用地

西侧：
商品房住宅小区

场地现状平面图

高密度住宅
中密度住宅
低密度住宅
废弃
商业建筑
历史建筑
旅游景区
教育建筑
医疗建筑
0 10 30 50m
N
P 泊车处
B 公交车站
M 地铁入口

场地分析

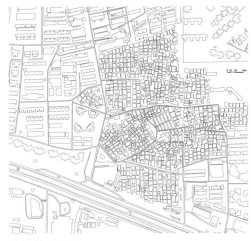

场地总平面图

场地内建筑高程图（单位：m）

出租屋：2477 栋　结构：砖混结构　楼龄：2～34 年　层数：2～10 层　层高：一层 2.8m，其他层 2.4m
地下利用情况：未利用。

场地内交通动线与绿植分析图

场地内交通动线与绿植改造图

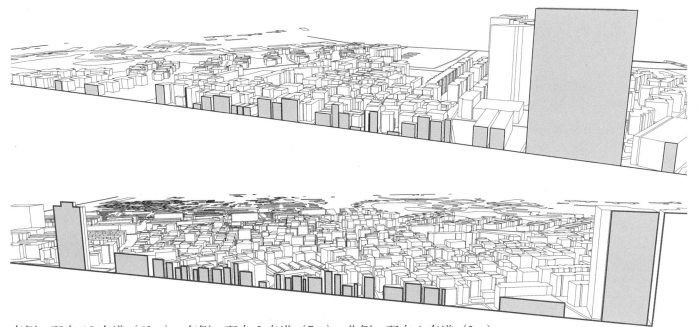

南侧：双向 12 车道（63m）　东侧：双向 2 车道（7m）　北侧：双向 1 车道（3m）
西侧：双向 4 车道（12m）　地铁：场地西南角　公交车：西侧车道 3 停靠站。

场地内商业空间分布

场地内商业、居住空间分布

场地内建筑性质分析

场地内商业性质分析

改造方式

改造模式：

政府引导、开发商运作、股份公司参与三者结合

改造方式：

选择性拆除、分期整改、道路管线规划为主、提升室外空间使用效率的方式

以道路为线划分为四期工程，根据场地调研结果及未来道路、线路管道排布等条件决定拆除及改造楼体；在原地新建的住宅可作返迁房

改造规模：

规划国土部门确定的改造规模。改造面积约 270318m^2

改造条件：

配套设施满足基本居住需求，提升室外空间使用效率

规划要求：

南山区法定图则要求

拆赔比：

综合拆赔比 1:0.74 ~ 1；廉租房占地比例 5%

拆除过程

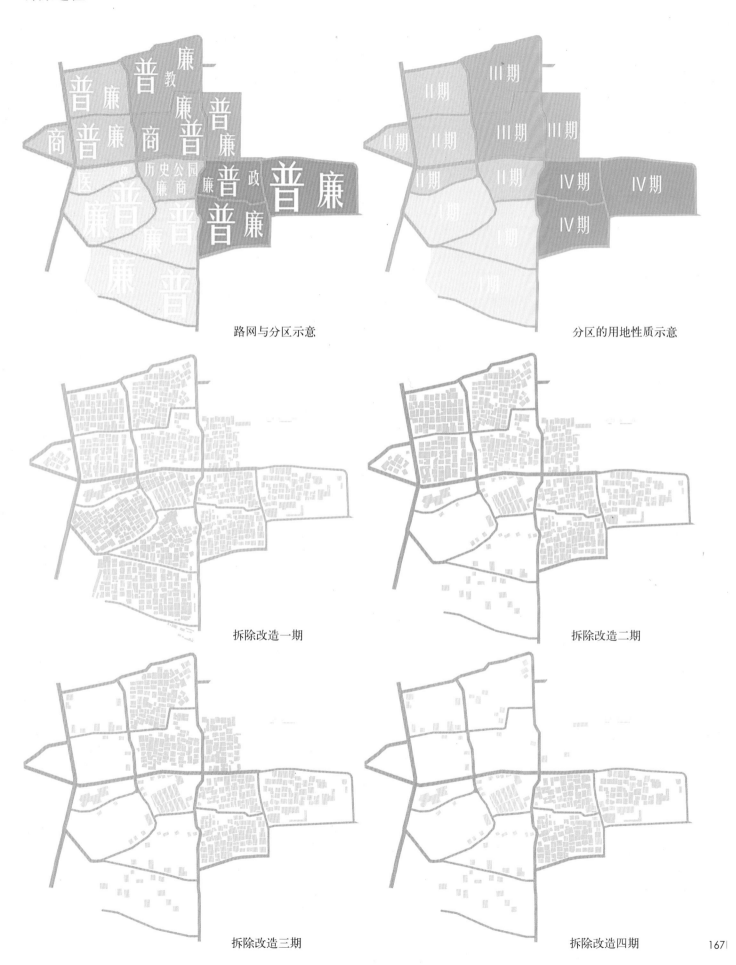

路网与分区示意

分区的用地性质示意

拆除改造一期

拆除改造二期

拆除改造三期

拆除改造四期

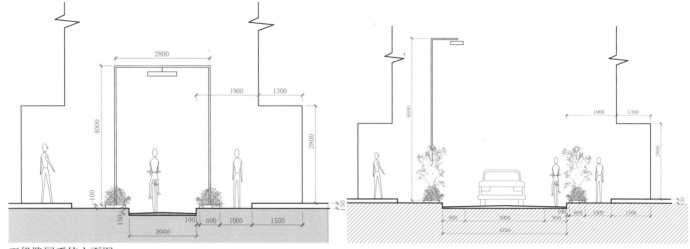

五级路网系统立面图

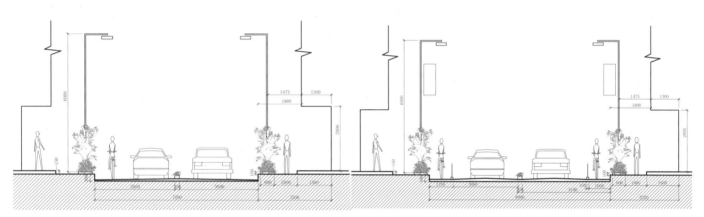

五级路网系统立面图

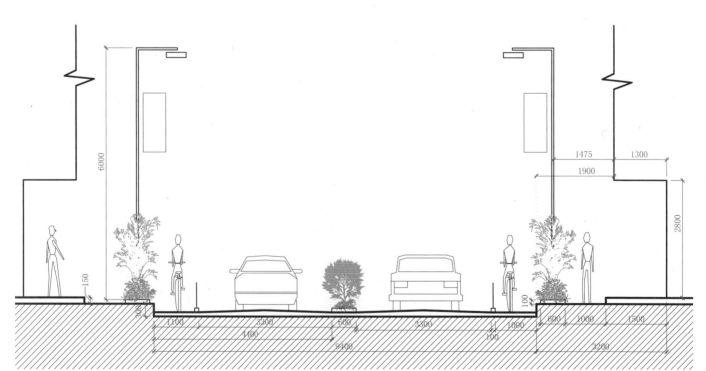

五级路网系统立面图

基本维持城市对片区现有的宏观功能分区规划（住宅用地）。

针对片区内不同区域不同建筑情况：

对于违建、危楼、阻挡交通管线铺排的部分建筑予以拆除，

对于区域内大多数（≥80%）建筑需要拆除的区域实施全部拆除，并在该用地上新建商品房。

更新、完善、整改余下的出租屋建筑。

修正片区的室外公用空间现存的种种问题。

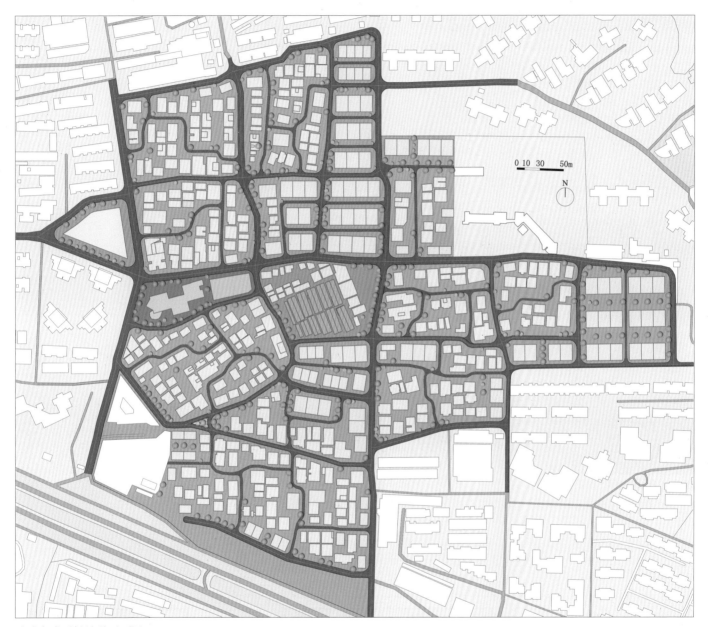

改造完成后场地总平面图

目标一：道路与管线规划修补，连通片区当前断裂的交通动线，满足消防标准要求的道路规划设置，解决场地内水网管线问题。

目标二：完成场地的功能分区重新规划，在整体现保持现有分区多样性的基础上结合场地周边用地情况进行局部调整。

目标三：改善场地内现有商业空间分布格局，促进场地内现有的小个体户经营活动合法、合理发展，增强场地与周边商业活动的联系。

目标四：整改牵手楼问题，合理利用楼间空地提高楼外空间使用效率，让城中村现有独特空间形态肌理得到传承与发展。

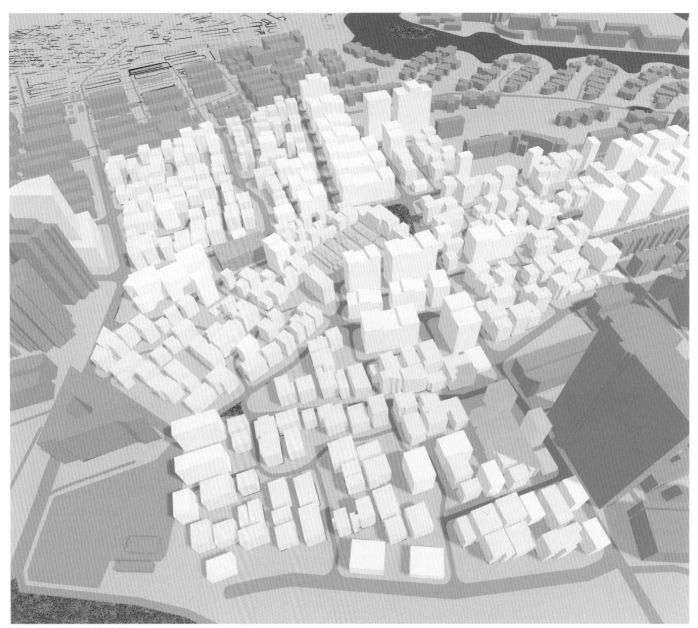

改造完成后场地效果图

节点深入设计

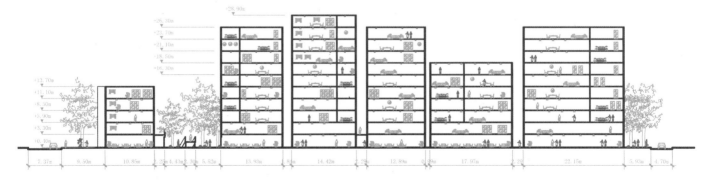

节点平面图

GL+0.00

±0.00

GL+4.12

±0.00

三等奖

青岛经济技术开发区全民健身中心室内环境设计

学　　生：宋宏宇
责任导师：谭大珂
　　　　　王云童
　　　　　刘莎莎
学　　校：青岛理工大学

172　入口大厅效果图

基地概况

山东省青岛市

青岛经济开发区全民健身中心

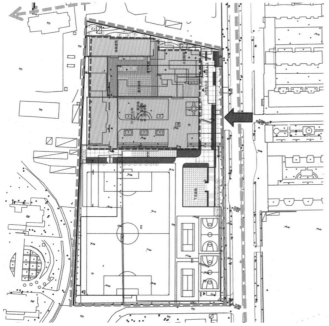

项目概况
项目全称为青岛经济开发区全民健身中心，位于青岛市经济开发区。地处通往市区主干道滨海大道北侧，紧靠繁华的开发区商业中心。

区位分析
基地东西两面为新建居民区，北临商业区，南靠自然风景区，环境优美。服务人群以周围居民和城市白领为主。地块交通便捷、区位优势突出。

场馆项目
青岛经济技术开发区全民健身中心项目包括室外标准足球场、游泳馆、篮球馆、羽毛球馆、乒乓球馆、健身馆以及小型剧场等。室内部分是我本次设计重点。

设计思路

跳马　　　　　　　　　　　弹玻璃球　　　　　跳房子　　　　　挑竹签

小时候经济条件落后、物资匮乏、场地条件有限，然而我们却能玩得无拘无束、忘乎所以。这些游戏有动有静，其乐无穷，在享受乐趣的同时锻炼了身体。今天我们的物质生活得到了巨大提高，而不断加快的生活节奏给我们带来了更多的生活压力。面对不断增高的城市建筑和不断延伸的高速道路，人们需要一个可以慢下来静下来的环境。我怀念儿时质朴自然的环境，随处可见的水泥地面、灰色墙砖、老旧的木板变得亲切起来。这些带有情感的材料像刻有记忆的符号一样讲述当时发生的故事。简单的材质，纯净的环境，古朴的色彩，构成了童年记忆的画面。正是这些画面给了我灵感。虽然这些游戏与我们渐行渐远，慢慢淡出我们的生活，然而，一旦触及，满满的的亲切之情迅速弥漫。

设计概念

1. 使人们在健身的过程中找到儿时玩游戏时的放松沉静的心境。静若处子，动若脱兔，动静相宜。
2. 拥有更多的乐趣和更舒适的环境体验。

空间风格

用现代的工业手段和设计手法将游戏场景中的材料加工提炼，营造原来放松沉静的空间感受。整体风格简洁质朴，以怀旧色调为主，材质简单，环境纯净。

功能分区

整个建筑分为五层，地上四层，地下一层。用色块表示每层的功能分区，粉红色代表门庭走廊、黄色代表办公区、蓝色代表运动区、绿色代表卫浴区。

运动区域是健身中心的主要功能区，每个运动区域都设有完善的配套的附属空间。负一层游泳馆设有标准泳池和儿童泳池，配有更衣室、淋浴间、洗手间、休息室等。二层篮球馆设有两个标准篮球场地，配有更衣室，洗手间等。运动区域和附属区域一动一静，动静结合，宜动宜静。

办公区域集办公和服务为一体，二层入口大厅是健身中心的主入口，也是重要的办公服务区域，主要有接待会员、提供咨询、自助服务等功能。它是健身中心人流量最频繁的地方，也是重要的形象展示区。

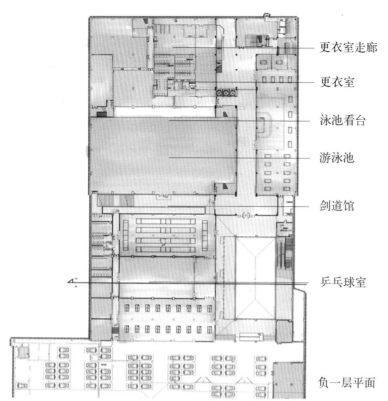

- 更衣室走廊
- 更衣室
- 泳池看台
- 游泳池
- 剑道馆
- 乒乓球室

负一层平面

0m　10m　20m　　　　50m

门厅走廊　办公区域　运动区域　卫浴区域

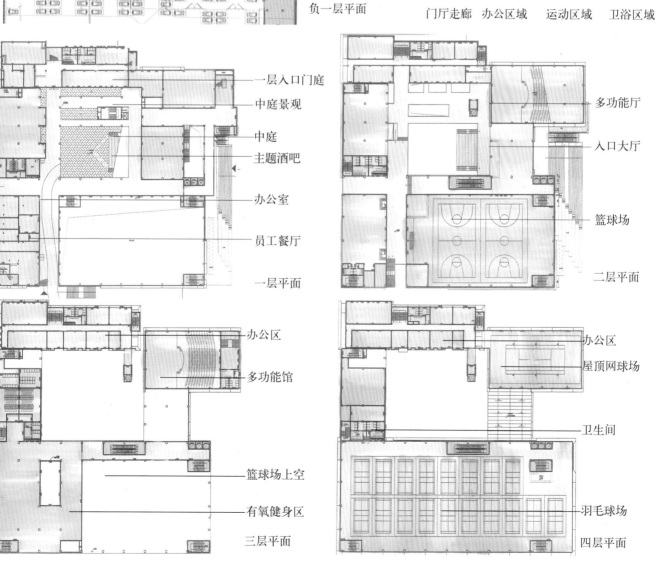

- 一层入口门庭
- 中庭景观
- 中庭
- 主题酒吧
- 办公室
- 员工餐厅

一层平面

- 多功能厅
- 入口大厅
- 篮球场

二层平面

- 办公区
- 多功能馆
- 篮球场上空
- 有氧健身区

三层平面

- 办公区
- 屋顶网球场
- 卫生间
- 羽毛球场

四层平面

流线分析

健身中心按照人群的人流需要划分功能流向，人群分为：顾客、教练、管理人员、清洁人员。人流分为顾客流和员工流，以客流为主流。由于整个建筑以中庭为中心分布，呈"回"字状，周围设有电梯和扶梯，方便聚集，容易疏散，交通流线相对合理。

一层设有消防通道和无障碍通道。消防通道在平时的时候是正常的人行通道，紧急的时候用作疏散和消防。

二层入口大厅是整个健身中心人流量最频繁的地方，通过大厅可以最快地通往办公区、中庭、运动区、垂直楼梯和电梯，快速疏散和集合人流。

从负一层到四层，设有电梯和扶梯，并在中庭部分设有观光电梯，垂直交通方便。

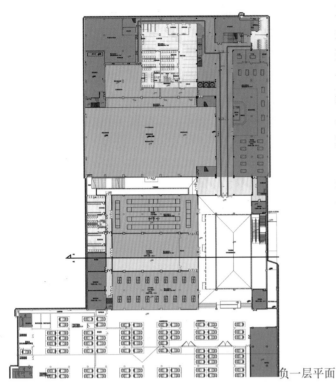

负一层平面

| 0m | 10m | 20m | | 50m |

| 地胶板 | 地胶板 | 仿古地砖 | 找平区域 | 实木地板 |

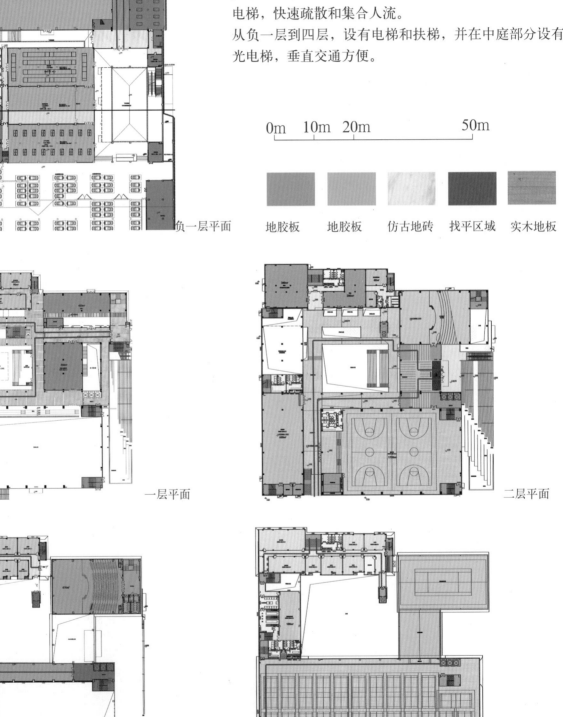

一层平面

二层平面

三层平面

四层平面

天花投影

游泳馆走廊

照明筒灯

软膜顶棚

日光灯管

双头斗胆灯

负一层顶棚

负一层顶棚部分。由于本层位于地下层，自然采光不好，多用人工光。游泳馆部分，主照明区域采用方形软膜顶棚，造型简洁，感觉纯净。采用软膜顶棚有防止水蒸气凝结的作用，同时便于后期维护。为增添气氛，侧面安装有金属卤素灯，会增强池水的蓝色度，使整个大厅呈现最美的色彩。观众席区域和休息区相对安静，采用筒灯、格栅灯和反光带等柔和灯光。运动区和休息区灯色调和强弱形成对比，宜动宜静。

一层入口吊顶采用异型格栅吊顶，照明采用日光灯管。顶面材料和立面材料浑然一体，采用木质格栅，让人感到新奇与亲近。

二层室内篮球场照明区域，场地中间照度要求较高，灯光布置比较密集，四周为观众席或者休息区，照度相对较低。

三层多功能厅照明区域，舞台中间照度要求较高，灯光布置比较密集，由专业灯光设计师深化，四周为观众席或者休息区，主要由不锈钢造型格栅灯、筒灯等照明烘托气氛。

0m 10m 20m 50m

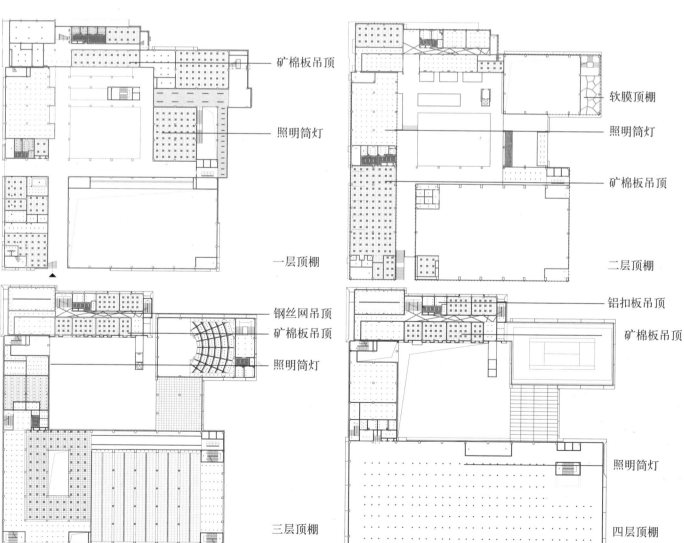

矿棉板吊顶

照明筒灯

一层顶棚

软膜顶棚

照明筒灯

矿棉板吊顶

二层顶棚

钢丝网吊顶

矿棉板吊顶

照明筒灯

三层顶棚

铝扣板吊顶

矿棉板吊顶

照明筒灯

四层顶棚

负一层立面

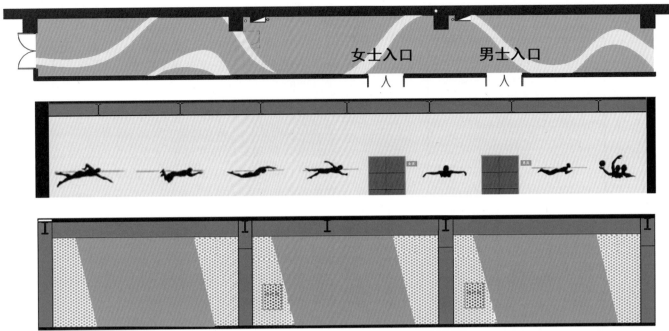

更衣室走廊立面图

负一层游泳池立面图，成人泳池区墙面采用灰色仿古砖，柱子刷有灰色防锈涂料，门采用防水性能较好的深色橡木门，整个颜色稳重大气。儿童泳池区采用陶瓷锦砖拼贴，颜色亮丽，受小孩子们喜欢。二层大厅立面图，大量运用玻璃幕墙和钢结构，最大限度将自然光引入，透过玻璃可以隐隐约约看到中庭的景色，引导人们进入中庭参观。二层商业区入口手绘图，主要用的材料是玻璃墙，顶面设计了一个凹凸的吊顶造型，既可以是吊顶又可以作灯罩。篮球馆馆面积较大，使用时会产生声聚焦和颤动回声，为解决这一问题。篮球馆立面采用白色吸声板和木色吸声板，达到良好的吸声隔声效果。馆场地部分采用专业体育木地板，提高耐磨度和防滑度。

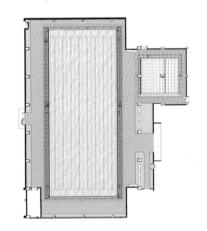

游泳池立面图

二层立面

二层商业区入口手绘图

二层大厅入口手绘图

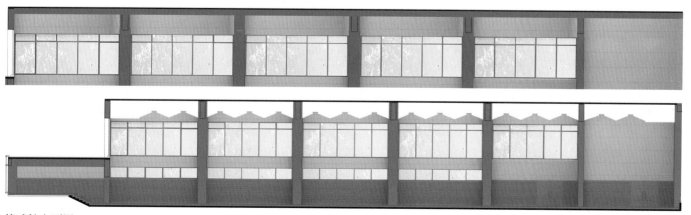

篮球馆立面图

篮球馆效果图

篮球馆效果图

一层大厅入口效果图

负一层大厅入口效果图

负一层走廊效果图

台球厅效果图

游泳馆前厅效果图

游泳馆前厅效果图

游泳池效果图

儿童游泳池效果图

三等奖

弥金——中国长影电影文化园主题展馆室内设计

学　　生：王一雯
责任导师：王学思　刘岩
学　　校：吉林艺术学院

效果图

设计重点区域示意——电影主题展览馆

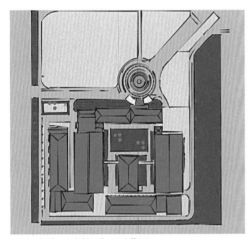

项目地块、建筑群平面草图

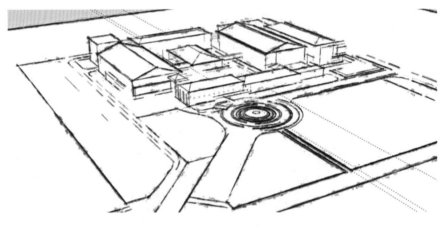

项目地块、建筑群轴测草图线图

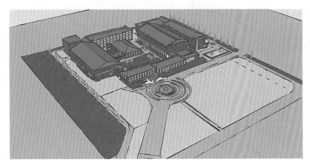

长春电影制片厂,简称"长影",被誉为"新中国电影的摇篮",是中国规模最大的综合性电影制片厂。

项目地块、建筑群轴测草图

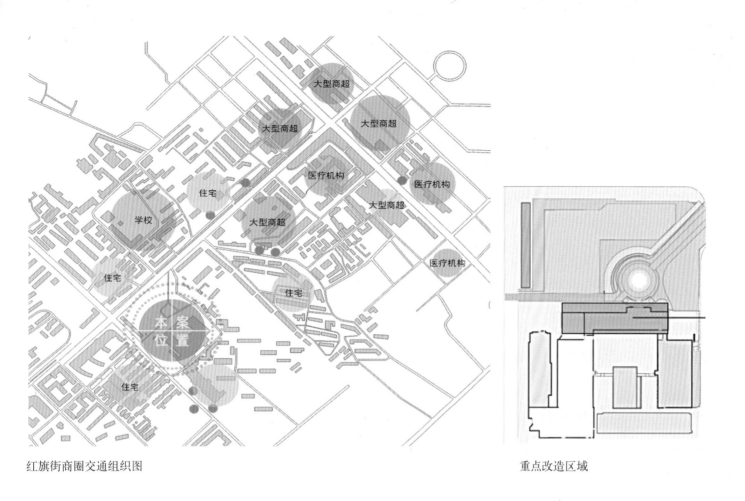

红旗街商圈交通组织图

重点改造区域

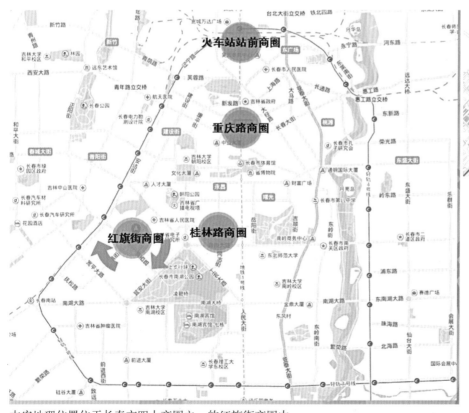

本案地理位置位于长春市四大商圈之一的红旗街商圈内

项目位置：位于两条主干道交汇处。

环境分析：长影制片厂地处商业圈内，大型商场、公园、学校、医院、住宅、银行，交通便利，人口密度大，人口流通性大，人们消费水平偏高。

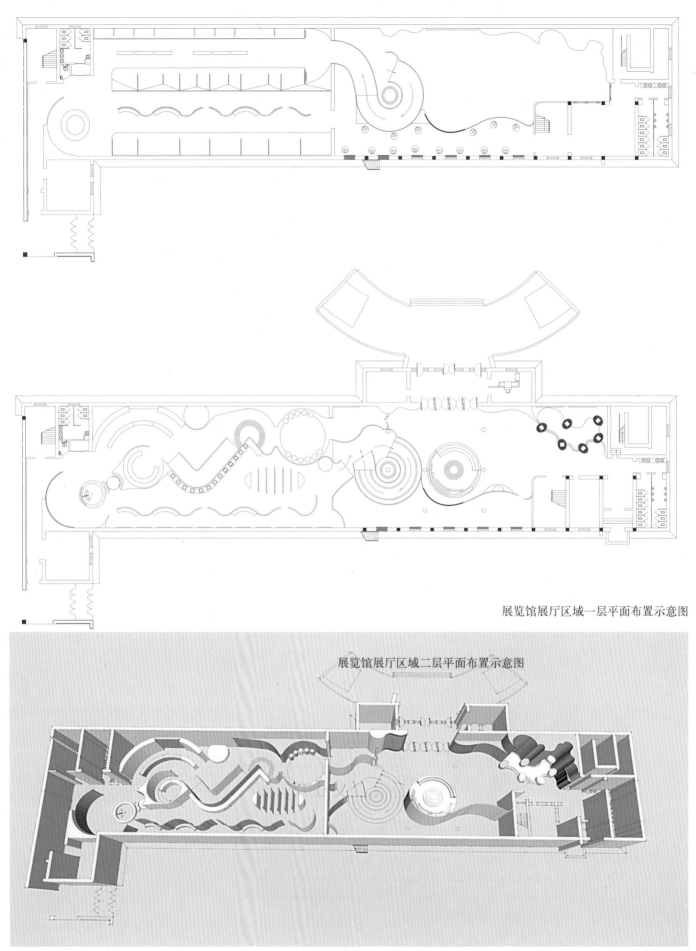

展览馆展厅区域一层平面布置示意图

展览馆展厅区域二层平面布置示意图

一楼模型草图轴测图

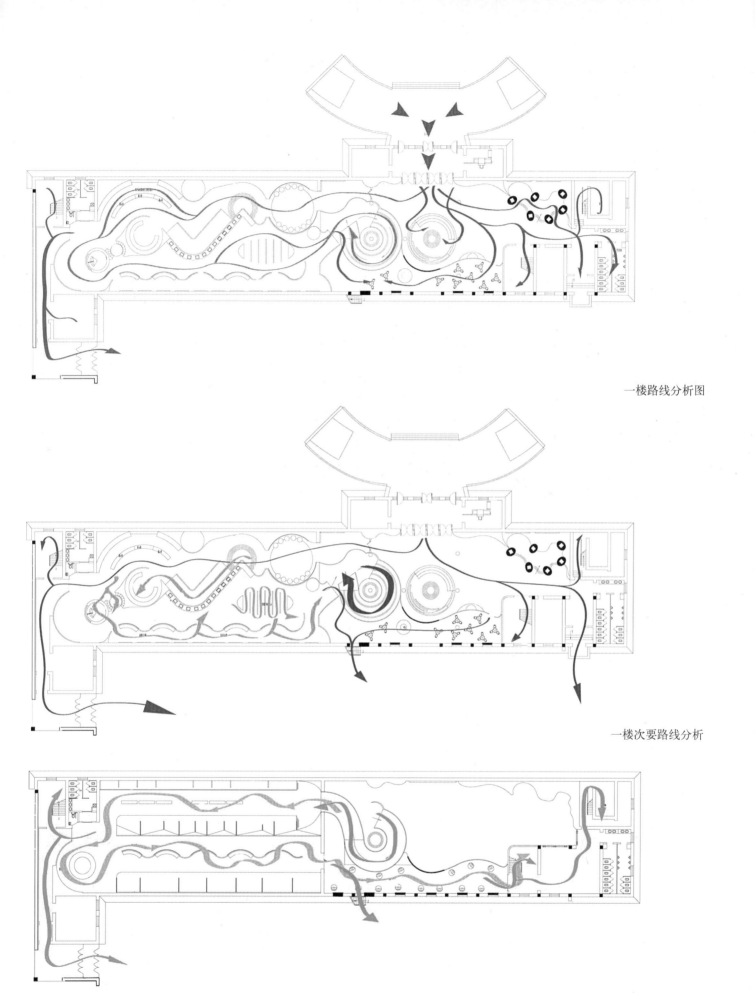

一楼路线分析图

一楼次要路线分析

理念提出

关键词：时间、流金岁月、成长、蜕变、历久弥新

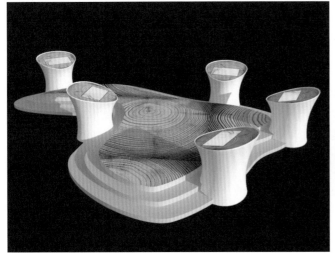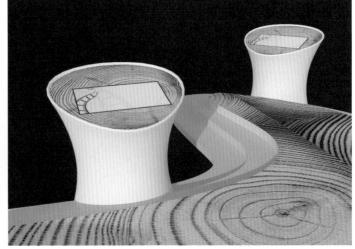

局部模型草图　互动电子查阅区

年轮——见证成长、历久弥新、茁壮、新生　　　　　　　　局部模型草图　旋转楼梯

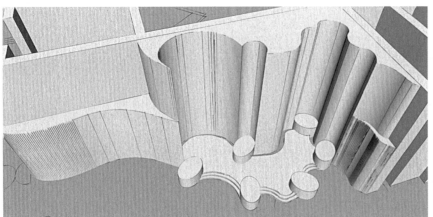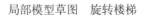

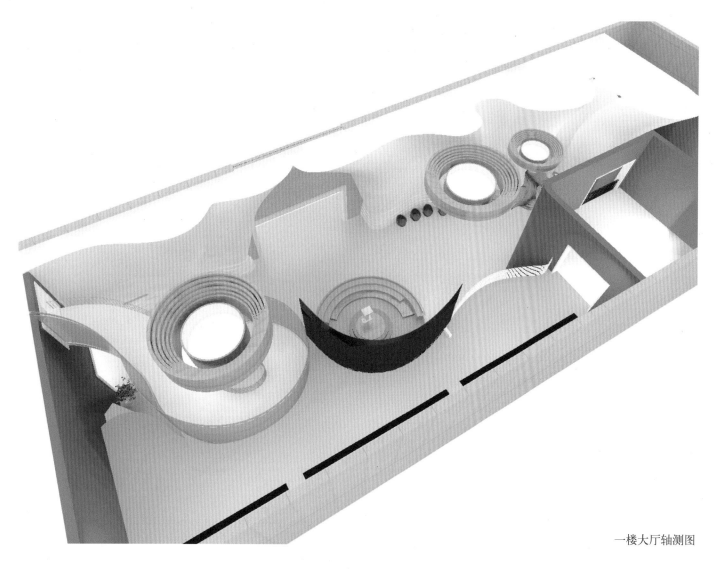

一楼大厅轴测图

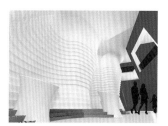

一楼大厅效果图

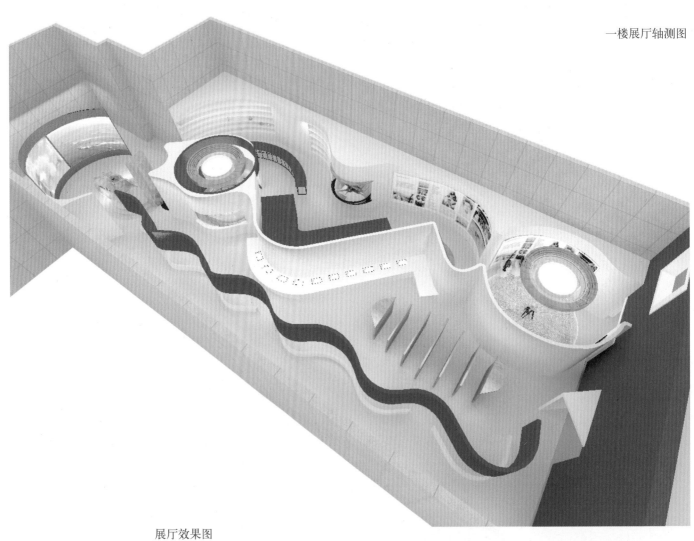

展厅效果图

小河水净大河清

——南宁市朝阳溪景观改造设计

学　　生：周子森
责任导师：陈建国　莫敷建
学　　校：广西艺术学院

基地概况 广西

南宁

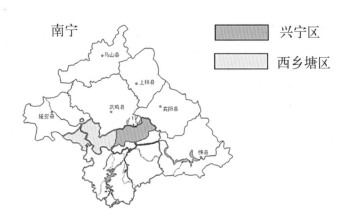

兴宁区
西乡塘区

朝阳溪是一条贯穿南宁市中心的天然河流，北起罗伞岭，穿过郊区、兴宁区和西乡塘区，至大坑口汇入邕江，总流域面积 24.4km²，河道全长 14.28km。随着城市的发展，上游大部分河段已经变成地下河，而在朝阳老城区这一段时有 3.28km 的露天河段。改造的是老居民最集中的朝阳市中心地区，改造河段共 1.5km，希望能够通过这个改造区带动其他内河的改造，使得小河水变得干净，那么注入邕江母亲河的水就更加清澈，让在这里生活的人们真正的感受到城市发展后给在城市里生活的人们带来的更多美好和快乐。

露天河段从友爱老居民区流出，穿过火车站重要干道，经过朝阳市中心和水街老居民区，然后注入邕江。这个流域中老居民居多，但在景观设计十分不完备，由于河道两旁的生活污水及生产污水直接注入，导致该流域成为脏、乱、差的区域，昔日清澈见底、鱼虾四处可见的朝阳溪已经被人们冠上了朝阳沟的骂名。

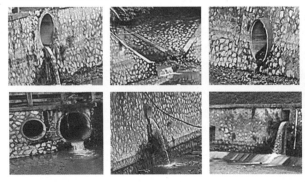

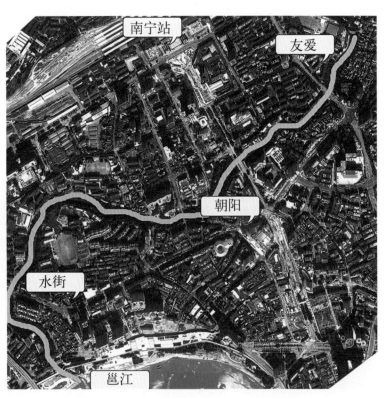

一条贯穿城市老城区，见证城市历史发展变迁的溪流。在这里居住的几乎是南宁市最早生活的人们，这里树木郁郁葱葱，可是……污水口竟然有 260 个。

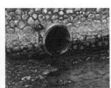

现场调研

①改造河段沿途有7座桥梁，桥梁底部空间巨大，且河道两边有许多的排污口直接排入，致使河道的水十分的脏臭。

②历史遗留构筑物，由于梯步的高度只有10cm，不利于人行走，只能是闲置的状态，不美观，而且阻碍河道。

③西关老铁桥始建于民国23年（1934年）由德国人设计，由于政府河道整治工程，使得河道宽广，与周围环境不协调，在铁桥上观赏到的是污水横流。

④河道两旁有200多个污水排放口，致使河道水质变差，臭气扑鼻，河道两旁居民区的空气质量很差。

⑤政府整治后的河道，挡土墙增高，且两岸与河道的沟通减少，河道变成了一个孤立的状态，没有了活力。

⑥河道两旁树木十分茂盛，但品种过于单一，缺少层次感。

⑦在友爱和水街路段生活着许多的老居民。

⑧周围缺少景观设施，居民们的生活娱乐单一。

区域概况分析

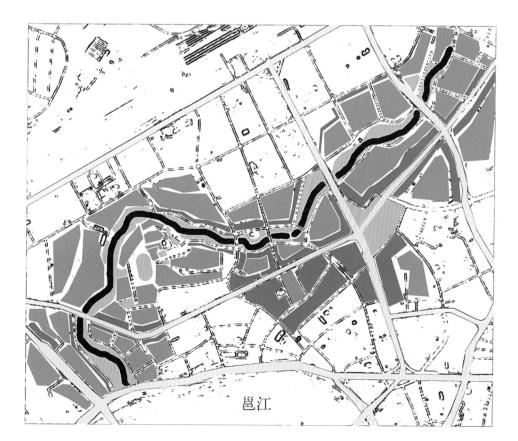

■ 朝阳溪
住宅
商业
绿化

邕江

设计理念

运用设计语言，将两岸的景观进行设计改造，使得河道、溪水和景观能够很好地跟人进行交流。

改造思路

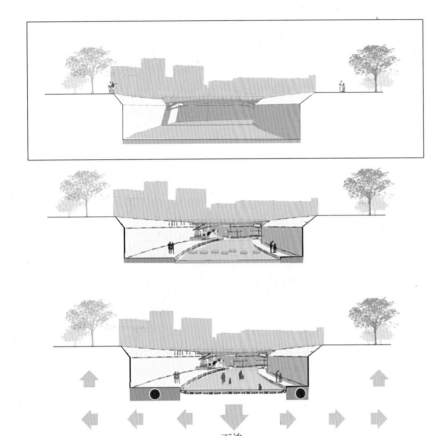

现状

单一的河道

上游、中游部分改造

加强功能，两岸有了交流的前提

下游部分改造

重现小溪的状态，还原原先的水系结构

下渗

地下径流

污水管道改造

现状是生活污水直接排入河道

改成由统一的污水管道输送到污水处理厂保证了河道水源的清洁

水位线分析

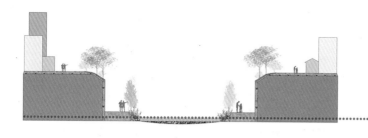

日常水位：由上游水闸控制 40 ～ 50cm
水位线

近十年发生的一次内涝最高水位线

设计分段

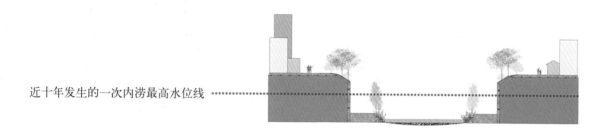

八桂印象——现代印象手法

亲水空间——现代手法与自然结合

溪水重现——自然再现

200 100 50 0m

设计红线

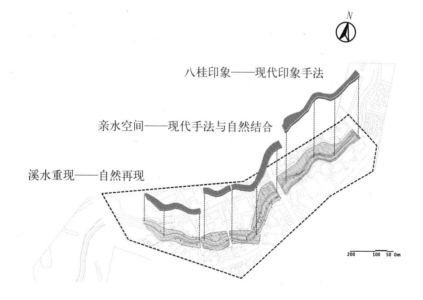

200 100 50 0m

·······设计红线

人流分布及停车场分布分析

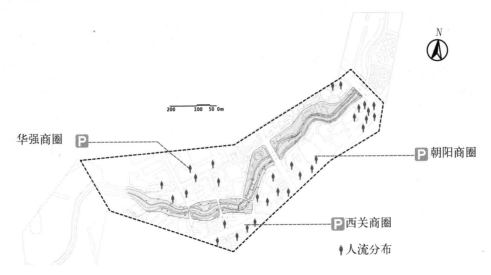

华强商圈 🅿 ── ──────────── 🅿 朝阳商圈

🅿 西关商圈

🚶 人流分布

游览人群主要进出口

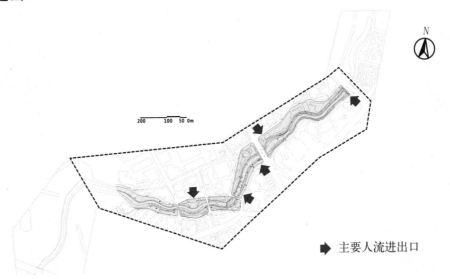

➡ 主要人流进出口

游览主要动向

➡ 游览主要动向

植物调配分析

现有单一树种

现有单一树种　　　　通过打破重组　合理分配当地具有观赏性的植物

概念生成

第一部分

八桂印象

⬇

现代印象手法

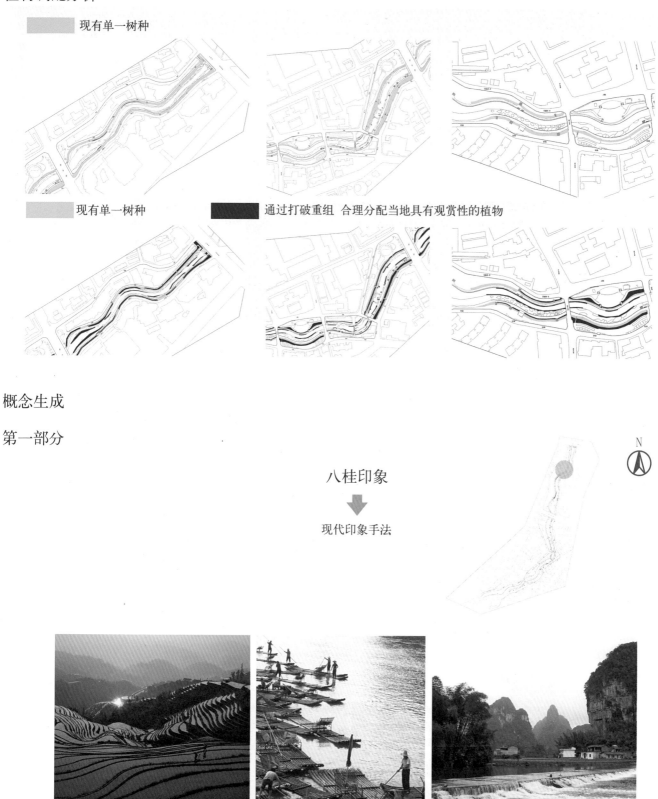

运用广西特色的梯田，以及漓江渔船的状态构成，形成了第一段八桂印象的设计元素提取。

第二部分

亲水空间

⬇

现代手法与自然结合

现代手法与自然结合，让河段的改造渐渐地向自然过渡，在转变当中形成不同的亲水休闲空间。

第三部分

溪水重现

⬇

自然再现

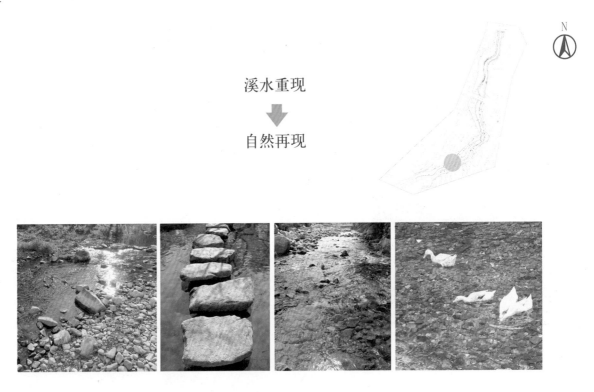

运用自然状态下的小溪元素，选用自然中的石头和植物搭配，形成自然小溪的景象。

花期全年分布示意

通过花期的调配，让在河道游览的人们一年四季都可以看到不一样的花卉。

设计的最终

选用适合当地生长的植物，作层次感分布，让人们在忙碌的工作之余，以及周围的老居民，能够有一个可以让心情可以得到放松的地方，人们在游览中走过的每一段河道，都有不一样的温馨的氛围。

1 ~ 4 月

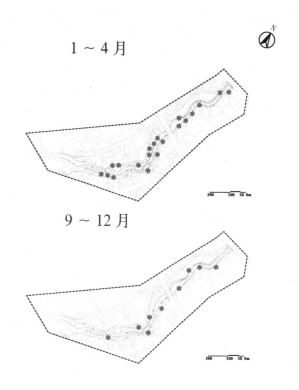

5 ~ 8 月

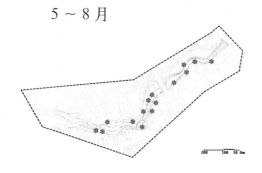

9 ~ 12 月

三个部分的植物分配

① 乔木：杨柳、小叶榕、红花羊蹄甲、水杉
　　灌木：朱槿、黄素梅、福建茶
　　花草：蜘蛛兰、沿阶草、蔓花生
　　水生植物：小叶榕、朱槿、水葱

② 乔木：洋蒲桃、白花鸡蛋花、海红豆、小叶榕
　　灌木：旅人蕉、金苞花、红叶朱蕉
　　花草：矮牵牛、蜘蛛兰、沿阶草
　　水生植物：睡莲、再力花、风车草

② 乔木：蒲葵、黄槐、水蒲桃、小叶榕
　　灌木：龙船花、夜来香、黄婵
　　花草：蟛蜞菊、三色堇、沿阶草
　　水生植物：美人蕉、沿阶草

③ 乔木：四季桂、桃树、火焰花、小叶榕
　　灌木：海椰枣、鹅掌柴、春芋
　　花草：肾蕨、葱兰、沿阶草
　　藤本植物：三角梅、爬山虎
　　水生植物：石菖蒲、再力花、莲花

③ 乔木：美人树、糖胶树、小叶榕
　　灌木：海椰枣、鸟巢蕨、春芋
　　花草：肾蕨、沿阶草
　　藤本植物：云南黄素馨、珊瑚藤
　　水生植物：芦苇、石菖蒲

① 乔木：鸡冠刺桐、红千层、大花紫薇、小叶榕
　　灌木：毛杜鹃、非洲茉莉
　　花草：葱兰、沿阶草
　　水生植物：海芋、梭鱼草

② 乔木：杨柳、小叶榕、红花羊蹄甲、水杉
　　灌木：朱槿、黄素梅、福建茶
　　花草：蜘蛛兰、沿阶草、蔓花生
　　水生植物：小叶榕、朱槿、水葱

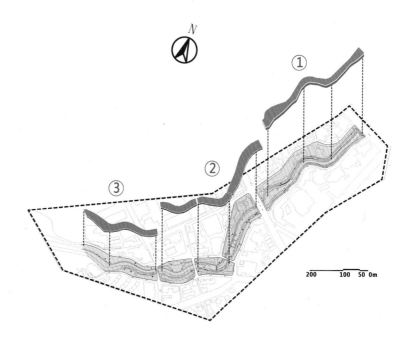

三个部分的植物分配

乔木

黄槐　洋紫荆　苏铁　蒲葵　旅人蕉　水杉

垂柳　水蒲桃　鸡蛋花　大花紫薇　鸡冠刺桐　迎春花　红千层　美人树　火焰花

灌木

朱槿　毛杜鹃　紫雪茄　非洲茉莉　福建茶　朱蕉　鹅掌柴　黄婵　黄素梅　金苞花　龙船花

花草

矮牵牛　葱兰　沿阶草　蔓花生　蟛蜞菊　三色堇　肾蕨　蜘蛛兰　四季海棠

水生
植物

海芋　荷花　鸢尾　马蹄莲　美人蕉　千蕨菜　梭鱼草　水葱　风车草　睡莲　再力花

藤类
植物

三角梅　爬山虎　云南黄素馨　珊瑚藤　炮仗花　紫藤萝

乔、灌木平面配置图－柳荫区

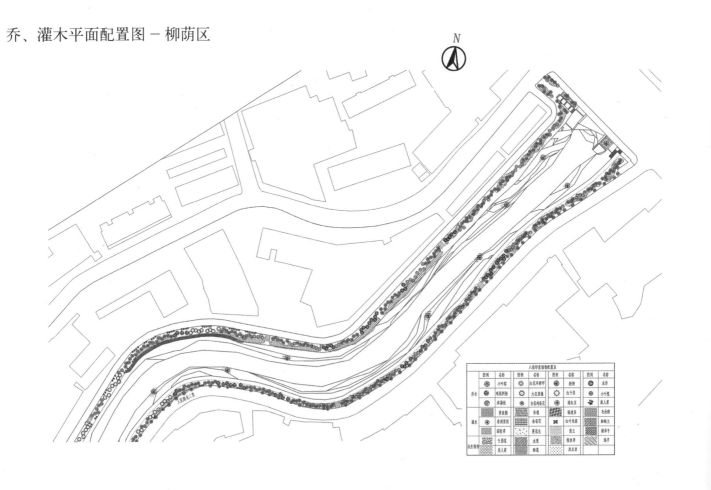

乔、灌木平面配置图－历史构筑物改造区

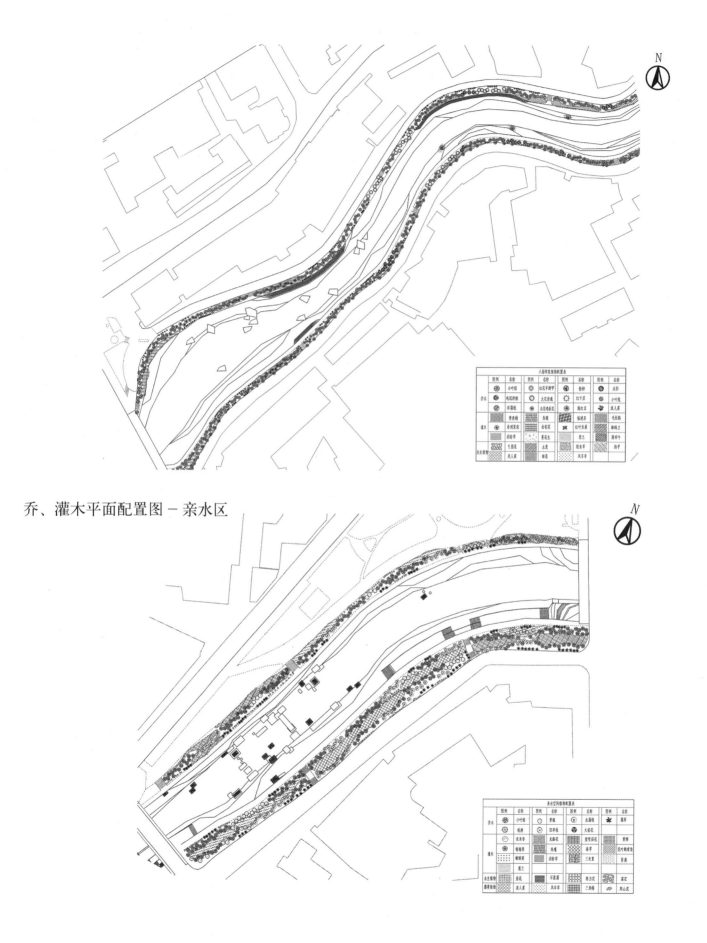

乔、灌木平面配置图－亲水区

乔、灌木平面配置图－溪水重现区

花草、水生植物平面配置图－柳荫区

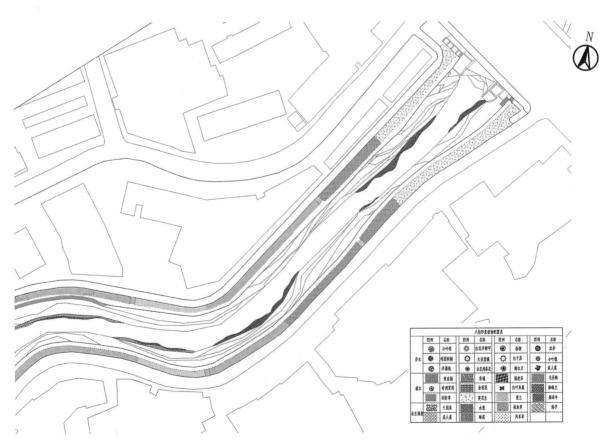

花草、水生植物平面配置图 - 历史构造物改造区

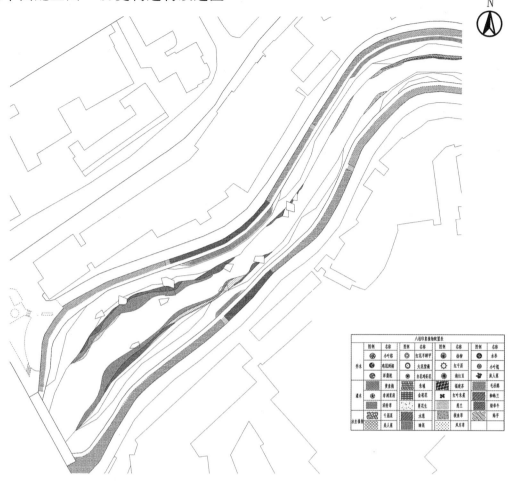

花草、水生植物平面配置图 - 亲水区

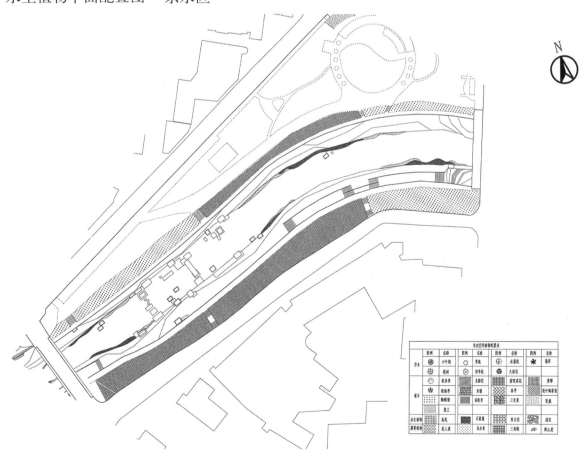

花草、水生植物平面配置图－溪水重现区

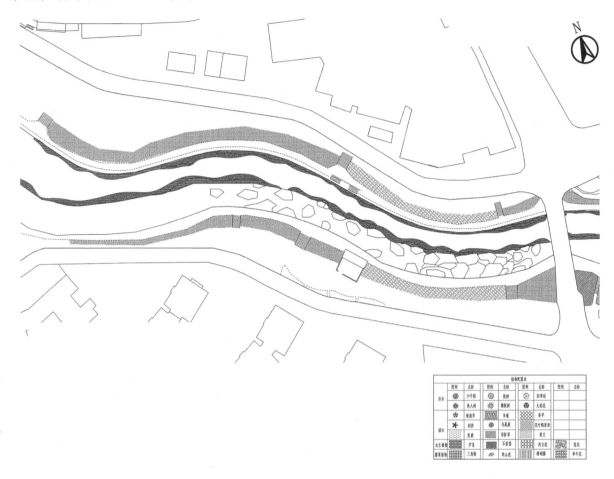

八桂印象区域效果图－叠水瀑布

根据梯田印象，利用高差在河道的上游设计了一个跌水瀑布，使幽静的河道增添热闹的气氛。

八桂印象区域效果图－柳荫区

柳树过渡区，是体现八桂印象最直接的区域，采用比较利索的线条区阐述梯田的层叠，增加游览的趣味性，河道里面的格子表达的是邕江船舶的状态，在现代的河道里承载着环保的理念。

八桂印象区域效果图－历史构筑物改造区

历史构造物改造区域，利用现有的阶梯基础，改造成层次景观展示区域，可以根据每个季节盛开的花卉进行图案拼制摆放供游人观赏。

八桂印象区域效果图 - 历史构筑物改造区

八桂印象区域效果图 - 睡莲观赏区

睡莲观赏区是河道改造的另一个落差区域，范围比较广，能够起到局部蓄水作用，安静的水文状态比较适合睡莲生长。在水域里养殖一些观赏鱼类，创造亲子空间。

亲水区域效果图 - 历史展示长廊区

历史展示长廊，利用墙画与浮雕，给人们一个了解这个城市的
空间，以及让离开这个城市的人们，在多年以后回到这里还能
够找到熟悉的城市记忆。

亲水区域效果图 - 石滩亲水区

石滩区是小孩和大人们的一个互动亲水区域，让在节奏加快的
城市成长的一代，还能给下一代讲述家乡小溪的故事。

亲水区域效果图－演艺休闲区

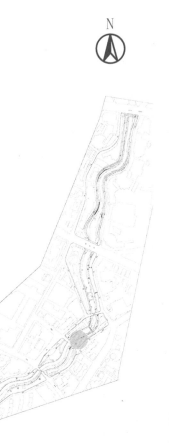

演艺休闲区在给街头文化追梦者一个施展才艺的平台的同时，给游览的人们一个休闲亲水的氛围，坐下来，听着美妙的音乐，舒缓一天的疲惫。周边植物的配置慢慢地向自然地状态转变。

溪水重现区域效果图

向自然小溪过渡区域。河道的走廊出现了一些野生的植物，在石材的运用方面加入了一些本地产的石材和鹅卵石。

溪水重现区域效果图

溪水重现区域，让在大城市生活的人们能够直接地感受到自然
小溪的状态。到黄昏时听到虫鸣鸟叫，芦苇荡漾。

八桂印象区域效果图－夜景灯光示意

用一种轻松的氛围，带上徐徐清风，给在夜间游览的人们一种
很放松的状态，释放一天工作的疲惫。

河道改造后剖面－跌水瀑布

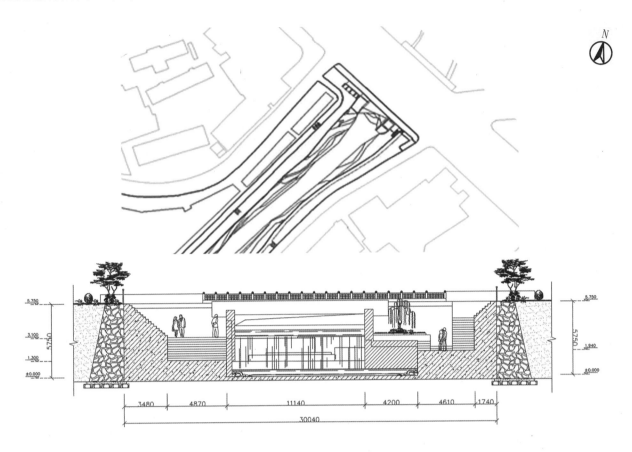

河道改造后剖面－柳荫区

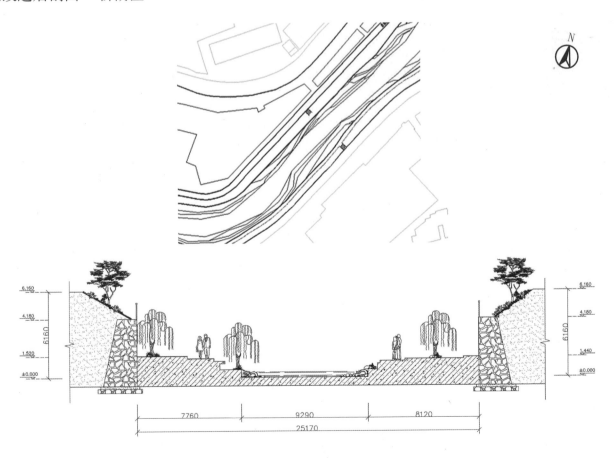

河道改造后剖面 - 历史构筑物改造区

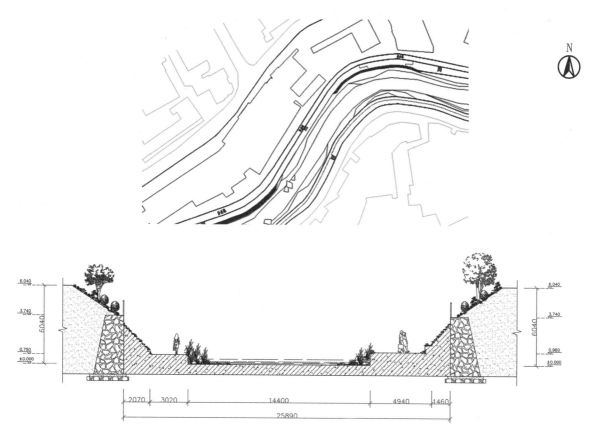

河道改造后剖面 - 睡莲观赏区

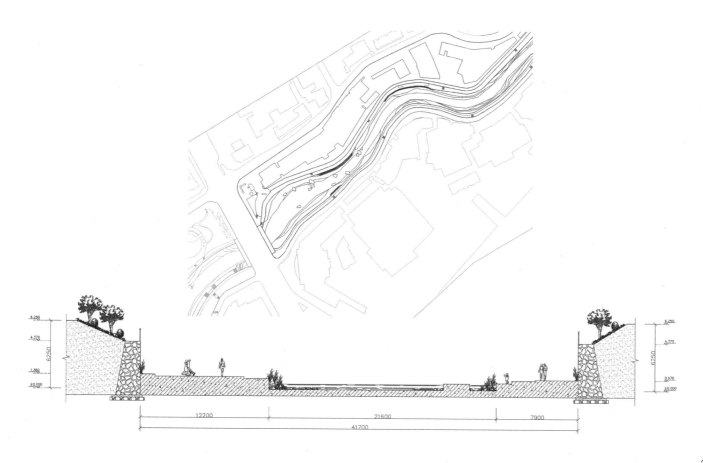

河道改造后剖面－桥底展示区

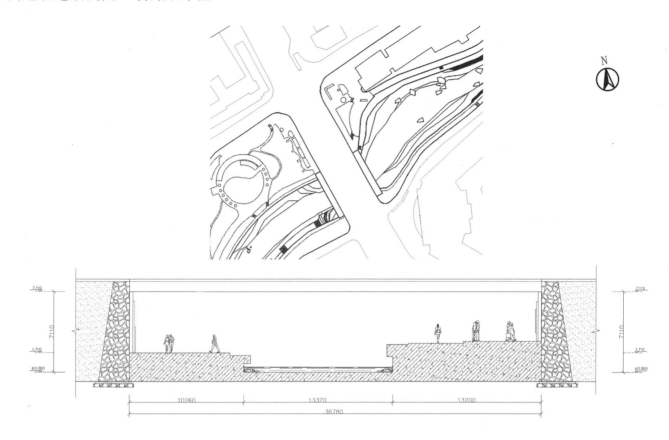

河道改造后剖面－石滩亲水区

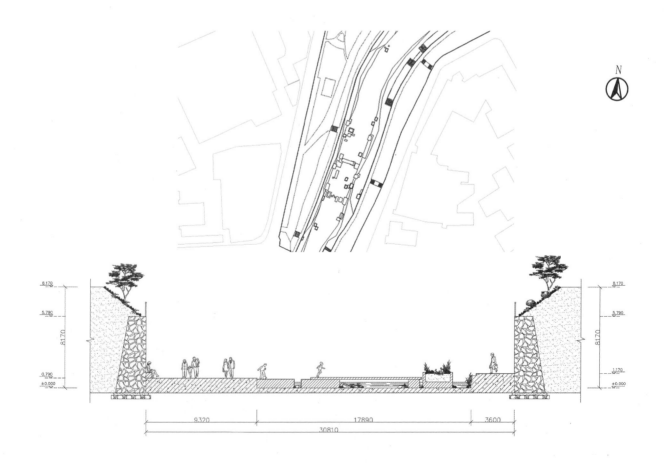

河道改造后剖面－演艺休息区

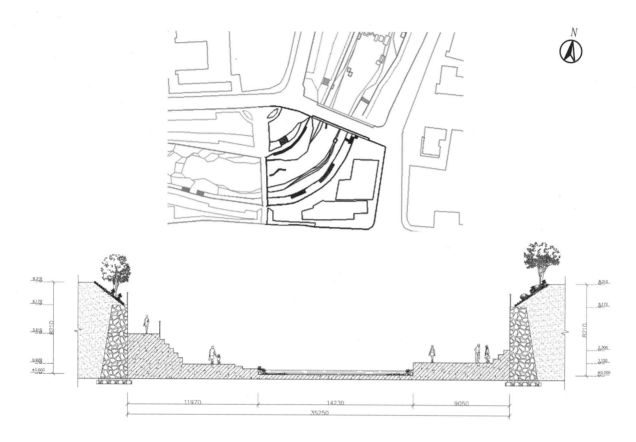

河道改造后剖面－溪水重现区

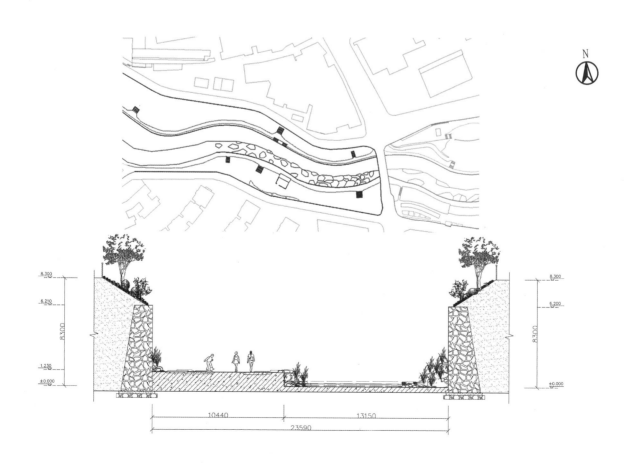

河道改造后剖面 - 改造区整体落差

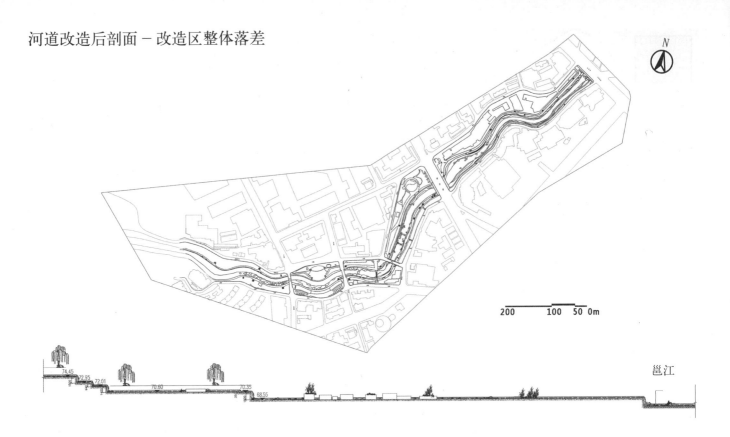

河道座椅

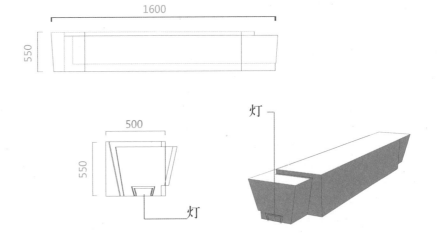

座椅的形态主要是配合河道的大体梯田层叠走向，选用当地石材雕刻而成，加入照明功能，使其在河道配置中更具地域特色。

河道栏杆

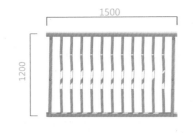

由壮锦提取元素设计的河道栏杆，由于考虑到儿童的攀爬所带来的安全隐患，所以在设计时主要以竖向长条形为主。

三等奖

体验潮汐 滨海城市娱乐空间设计

学　　生：徐哲琛
责任导师：薛娟　陈华新
学　　校：山东建筑大学

A 项目区域分析　Status Analysls

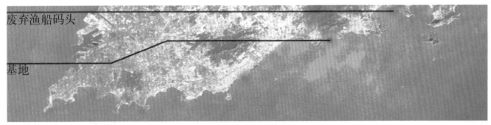

废弃渔船码头

基地

项目位于中国山东省青岛市的一处渔船码头，南侧濒临黄海、北倚石老人观光园、西邻石老人高尔夫球场、东靠海景住宅。

老码头的渔民由于生活条件改善，都搬迁到了远离海岸的地方开始新的生活。然而码头却留在了那里，偶尔为过路的渔船作为临时停靠点。码头周围预留大片的空地，现今作为临时停车场使用。

基地及周边现状

B 废弃渔船码头现状 Status Abandoned Fishing Pier

青岛是一座因码头而兴盛的城市，但伴随着城市现代化的发展，码头与滨水空间的命运经历了高潮，也面着低谷。拥有漫长海岸线的青岛曾经凭借丰厚的渔业资源让渔民受益，然而随着近海渔业资源的日渐枯竭，渔民发现他们赖以为生的大海如今变了，每次打渔都能满仓的那个年代已经过去，老旧的渔船码头逐渐退出历史舞台。渔民走了，留下的渔船码头也荒废了。

码头是城市历史的印记，它向我们展示着城市过去的画面。然而现今这种早已经"死去"的码头在发展迅速的滨海城市中不计其数，并没有被利用。码头周围杂草丛生、垃圾堆砌，虽然偶尔有一些钓鱼的游客光顾，但多数却是一片死寂。

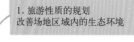

1. 旅游性质的规划 改善场地区域内的生态环境

2. 普通建筑景观无法传承场地固有文脉

3. 景观建筑一体化设计 形式与功能相结合 与地形结合为有机整体

构思

60%认为近海污染一天比一天严重。

65%海湾面积日渐缩小。

85%渔业资源过度衰退。

80%旧码头功能丧失、场地闲置。

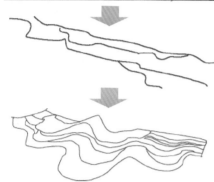

C 设计构想　Design Ideas

一、根据原有场地地形进行建筑与景观规划设计，创建一个休闲娱乐所，利用海洋本身的潮汐特征创造出独一无二、不断变化的滨海公共体验空间。沿着旧港口开发出一系列与水域密切相关的项目。

二、对场地原有的渔业属性继承与发展，对场地内高大乔木及植被等进保留。

三、引入海洋牧场发展模式，修复原有海洋生态系统。

四、对今后类似场地的改造提供新的参考模式，沿着旧港口开发出一系列与水域密切相关的项目：新海滩和木栈道、岩石海岬、亲海区域（海边拾贝）、钓鱼处。

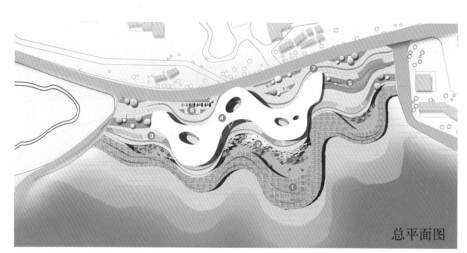

总平面图

① 木栈道（滨海漫步）　⑥ 停车场

② 亲水区域（海边拾贝）　⑦ 入口广场

③ 阶梯观景平台

④ 主体建筑（游客中心）

⑤ 过渡景观

整个景观规划面积为 29520 平方米。建筑占地面积约为 6400 平方米，2200 平方米半开放空间，最高处约为 23 米。

围绕"赶海拾趣"的主题，让游客体验亲临山海美景之间，亲自淘到"宝贝"的愉快心情。海水每日两涨两退，退潮时，海洋生物留在凹凸的下层平台，人可以在下层平台活动，采集玩耍，亲近自然。涨潮时，海水没过下层平台，人能更好地亲近环境与海洋。

区域内的水域拥有鱼类、虾类、贝类、蟹类等海产品，此区域为整体规划中最为重要的主题区域，向大海取物的方式由原先过度的捕捞变为环境友好型海洋畜牧养殖，形成一个自给自足的小型生态系统。

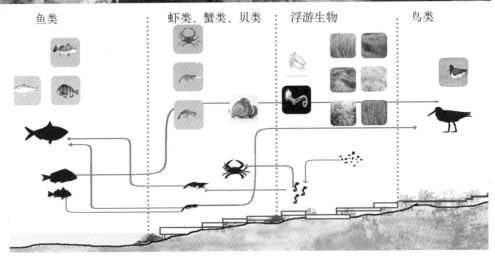

亲水区域物种分析

亲水区域退潮（最低点）

亲水区域涨潮（最高点）

D 景观设计分析　Landscape Design Analysis

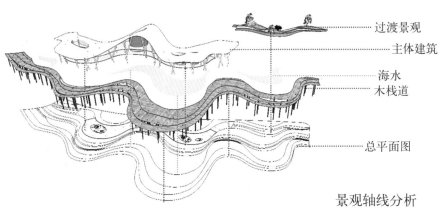

过渡景观
主体建筑
海水
木栈道
总平面图

景观轴线分析

本着建筑景观一体化的原则，根据景观的有机形态，确定建筑整体形式。

木栈道：
串连整个景观，在漫步的过程中，可在不同角度下，欣赏建筑、景观的各种形式。

阶梯观景平台：
顺应地形，以阶梯的形式诠释出坡地地形独特的美感。

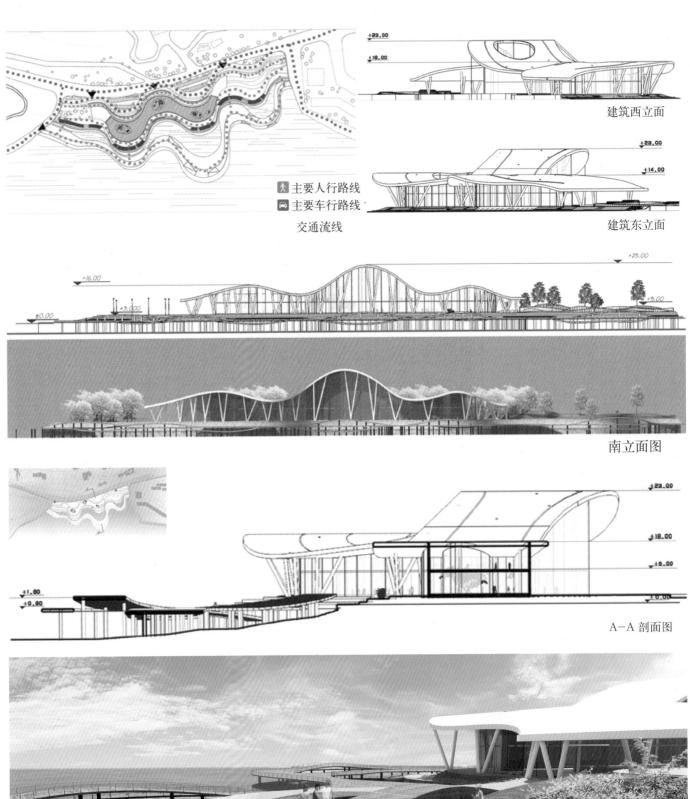

主要人行路线

主要车行路线

交通流线

建筑西立面

建筑东立面

南立面图

A-A 剖面图

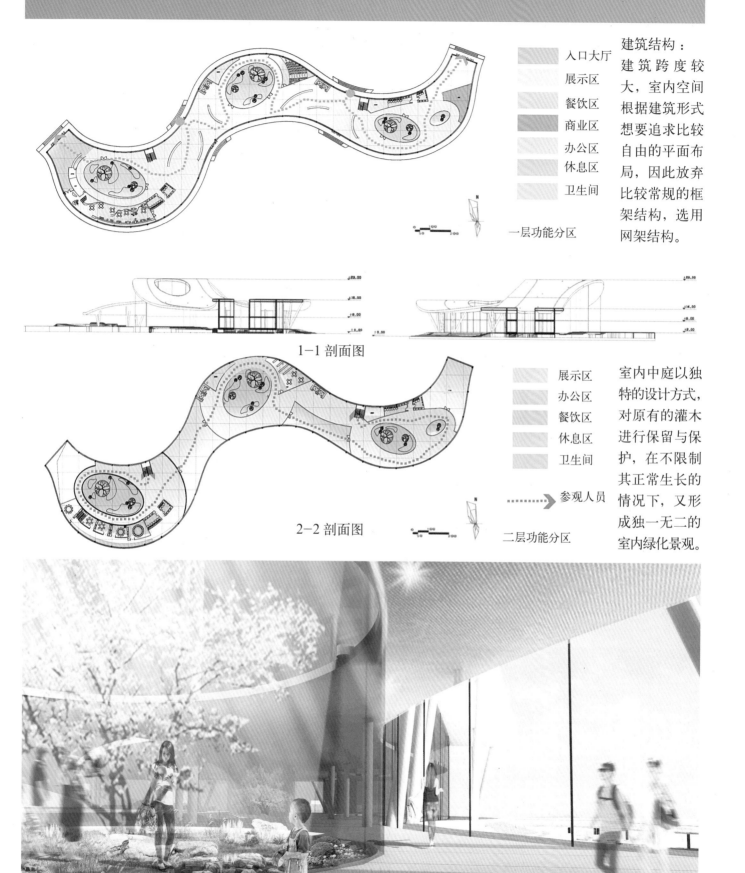

入口大厅
展示区
餐饮区
商业区
办公区
休息区
卫生间

一层功能分区

建筑结构：
建筑跨度较大，室内空间根据建筑形式想要追求比较自由的平面布局，因此放弃比较常规的框架结构，选用网架结构。

1-1 剖面图

展示区
办公区
餐饮区
休息区
卫生间

- - - ▶ 参观人员

2-2 剖面图

二层功能分区

室内中庭以独特的设计方式，对原有的灌木进行保留与保护，在不限制其正常生长的情况下，又形成独一无二的室内绿化景观。

道路灯　　地灯　　射树灯

F 景观节点分析 Landscape Nodal Analysis

道路灯：在道路两旁使用反射材质，通过反射的方式降低光强度减少光污染。

地灯：利用向下照射的方式来照明园路。

射树灯：草地里运用强光照射物体的方式来营造环境，烘托物体。

三等奖

"怀旧水岸"生态观光园设计

学　　生：沈家亦
责任导师：王铁
学　　校：中央美术学院

基地概况

基地
林带
荷塘

地理位置：本项目建设地址在山东省济宁市微山县南阳镇。南阳镇距济宁市区约40公里，位于微山湖北部的南阳湖中。气候属于暖温带季风气候，人口约30800人。

基地周边资源分析：

1. 历史文化资源：基地坐落于微山南阳湖中微山湖，我国北方最大的淡水湖由微山湖、昭阳湖、独山湖和南阳湖组成，湖光山色，富饶美丽，有"鲁南明珠"之称。

2. 荷塘资源：基地周边多数水塘周边环境良好，基地内部可以沿用荷塘特色，适于开发钓鱼、采摘等休闲活动；少部分坑塘水质较差，需加以治理。

3. 村资源：大多数村庄集中在基地西部，还有少数小村庄零星散落在基地周边。没有直接的陆路联系，可通过水路到达基地。

4. 生物资源：有鱼、虾、鳖、蟹等鱼类近百种，芦苇、菰、莲藕、菱米、芡实等水生经济植物50多种，野鸭、野鸟80余种，浮游水生物360多种，尤以四鼻孔鲤鱼、中华鳖、中华圆田螺、麻鸭、水貂等饮誉中外。

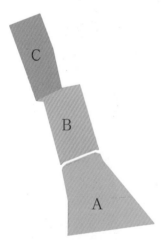

地块 c 调研内容：荷塘与房屋的关系

地块 b 调研内容：现有河流，河岸现状，摆渡口

生态观光农业是一种以农业和农村为载体的新型生态旅游业。观光农业园立足以生态农业开发为基础，走农业观光、农村休闲度假之路。园区规划项目有采摘园、垂钓池、设施农业、农作物迷宫、田园风光区、生态养殖（野鸡、野兔、野猪、驴等）、野营烧烤等项目。

基地位于南阳湖中的一座小岛的一部分。

基地总面积：230000 平方米

分为 3 个区块——

A 地块面积：61300 平方米，

B 地块面积：71400 平方米，

C 地块面积：96000 平方米。

地块 a 调研内容：现有林带、植物

概念生成

基地位于微山湖北部的南阳湖中，呈岛状，小岛是由河流和泥沙冲刷堆积而成的。

 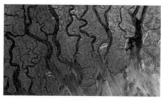  

河流卫星图

随机抽取出一条河流进行演变
成为通道：让自然与人互动。

河流冲刷出的小岛成为平台：
不同尺寸的活动平台，适应自
然与人类活动的需求

河流分出的小支流成为游步
道：打破总方向上的规矩，营
造新的节奏。

流动：人的动态分布。

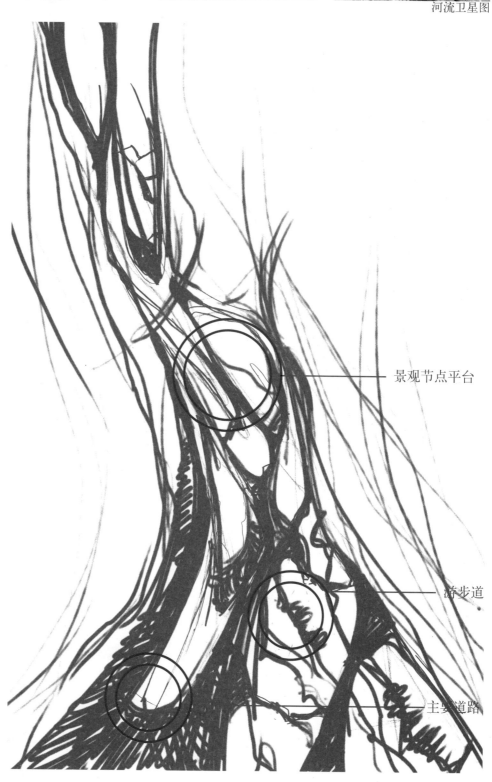

景观节点平台

游步道

主要道路

分析

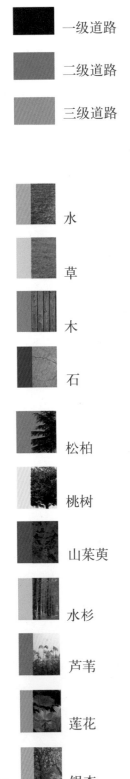

一级道路

二级道路

三级道路

水

草

木

石

松柏

桃树

山茱萸

水杉

芦苇

莲花

银杏

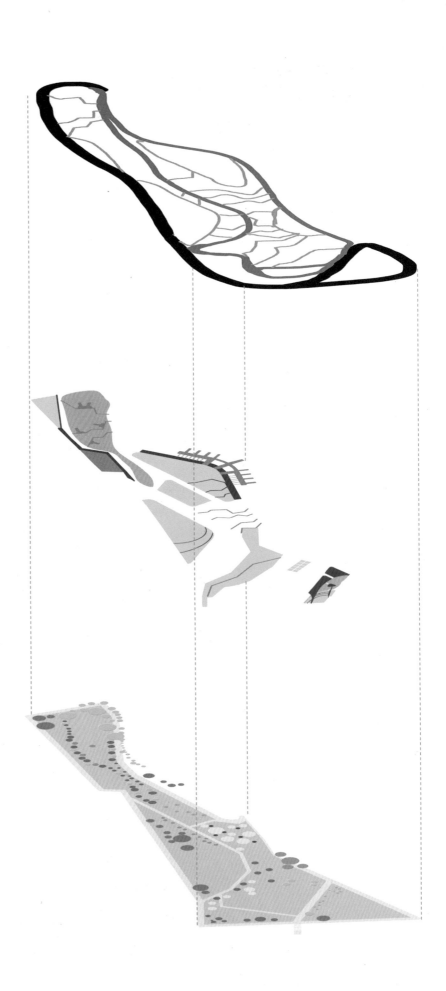

总平面图

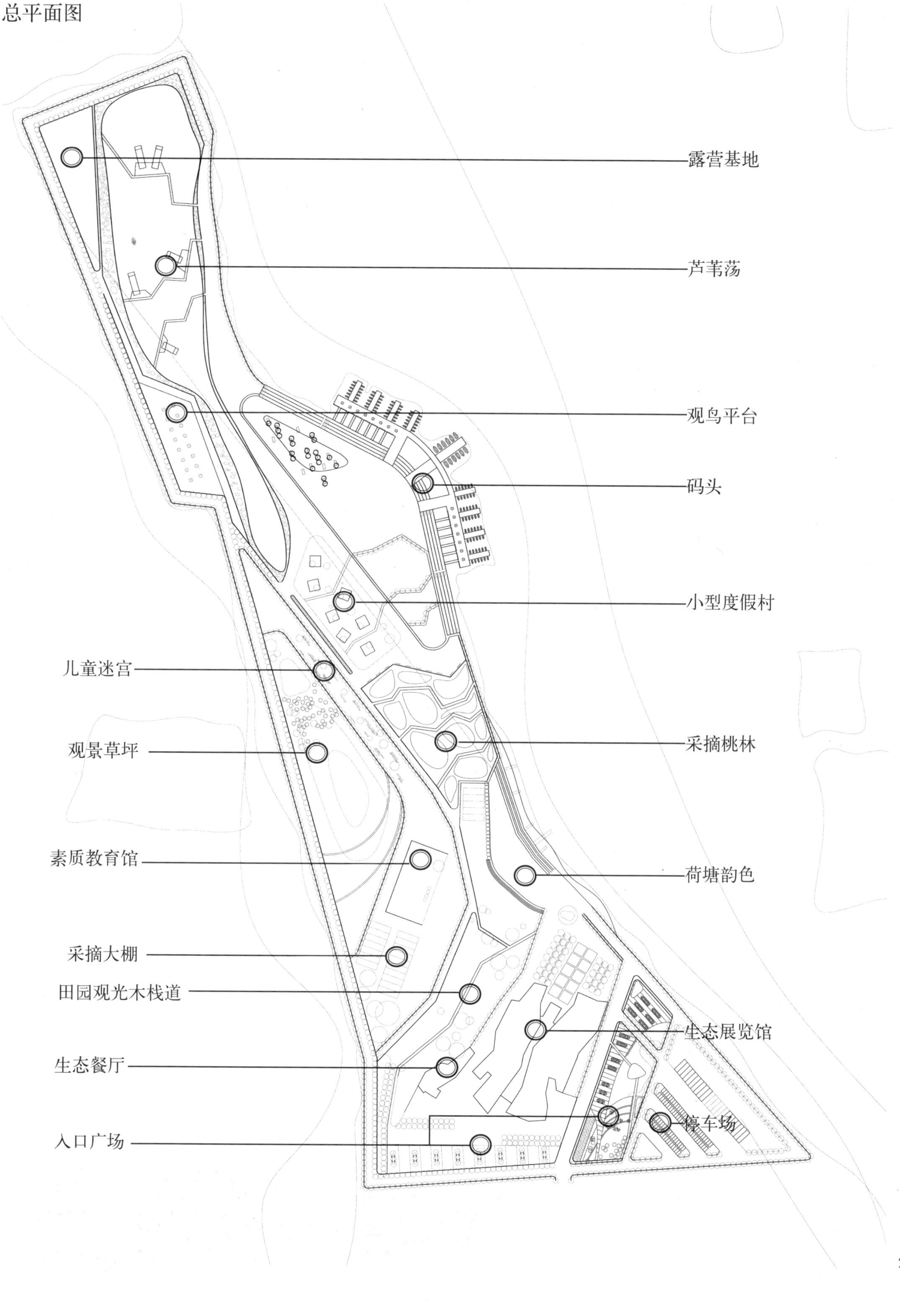

露营基地

芦苇荡

观鸟平台

码头

小型度假村

儿童迷宫

采摘桃林

观景草坪

素质教育馆

荷塘韵色

采摘大棚

田园观光木栈道

生态展览馆

生态餐厅

入口广场

停车场

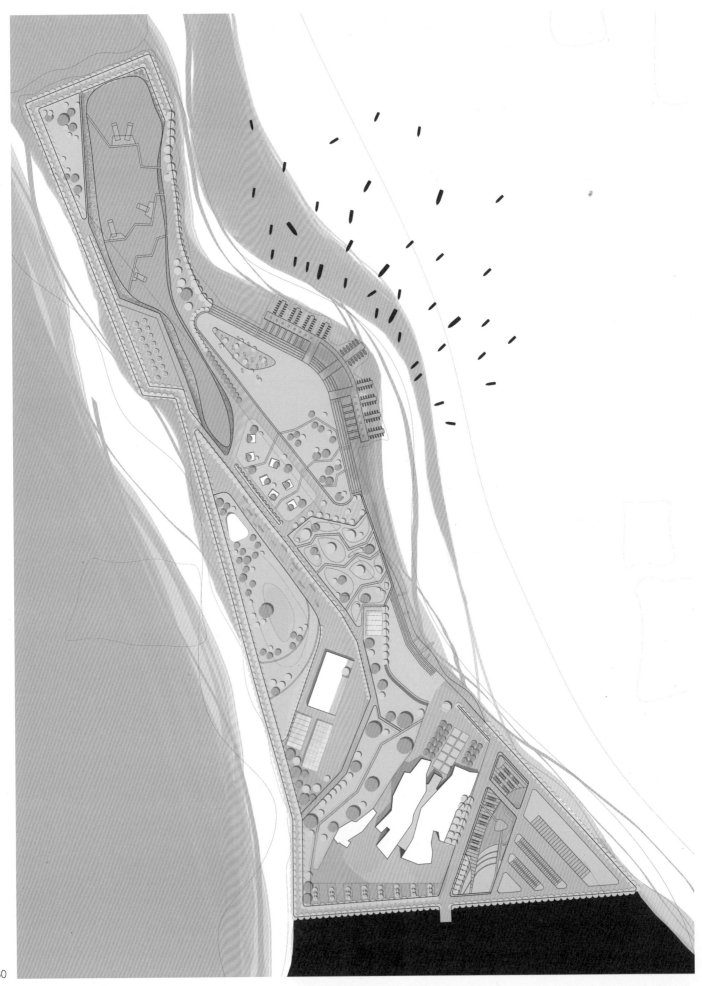

荷塘韵色 观景草坪

采摘桃林 儿童迷宫

一层平面

a 点效果图

b 点效果图

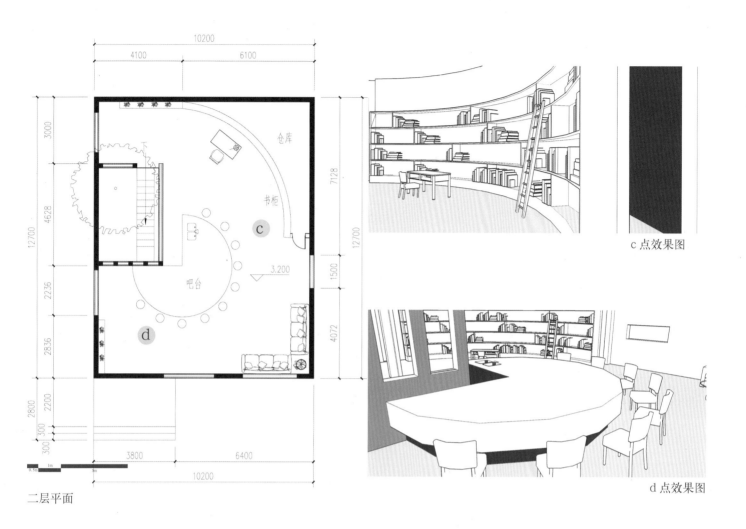

10200
4100   6100

3000

4628

12700

2235

2836

2800
2200
300
300

3800   6400
10200

仓库

书柜

c

吧台

3.200

d

7128

12700

1500

4072

下

二层平面

c 点效果图

d 点效果图

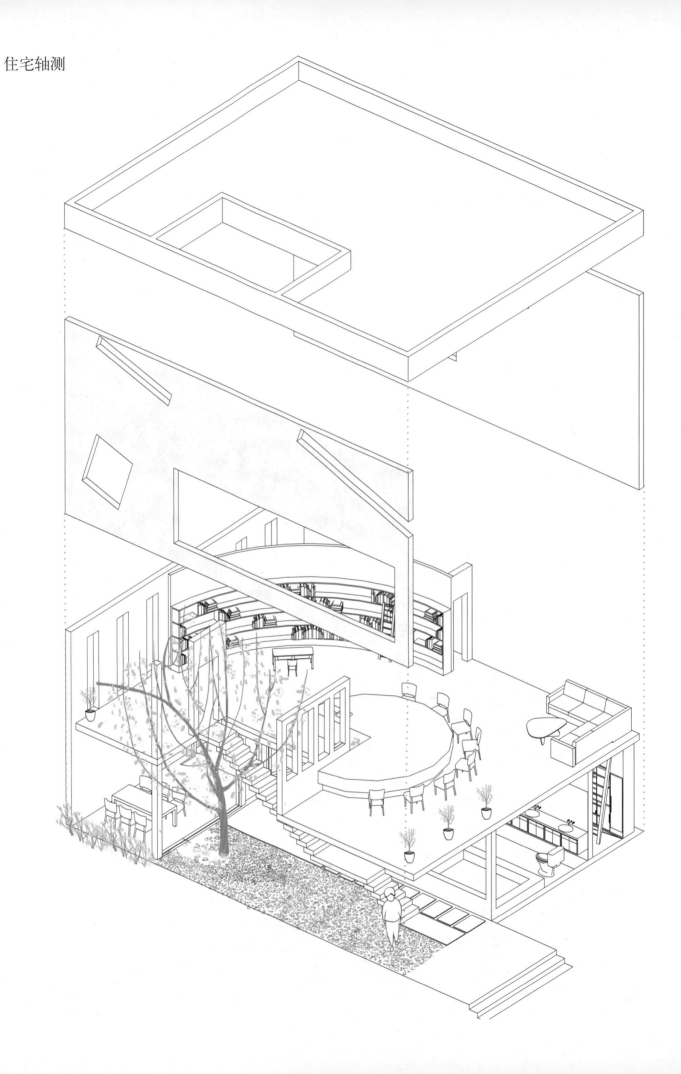

三等奖

姑苏雨巷主题餐厅设计

学　　生：彭会会
责任导师：孙迟　冼宁
　　　　　杨淘　高贺
学　　校：沈阳建筑大学

基地位于沈阳市小河沿路69号，应业主要求，在这里建造一个独具风情的姑苏雨巷主题餐厅，基地北面、东面是生活小区，为餐厅的充足的客流量提供了保证。南面是南运河，西面是一个公园，为餐厅提供了优美的基地环境。

元素提取

通过窄窄的巷子、古朴的石桥、雨水滴落的形状和木质的材料等来营造雨巷的主题渲染。在空间中分别运用了回廊、地台、采光顶等手法来丰富环境，围绕水景有休闲的就餐座位和观景走廊，意境悠长。

平面图

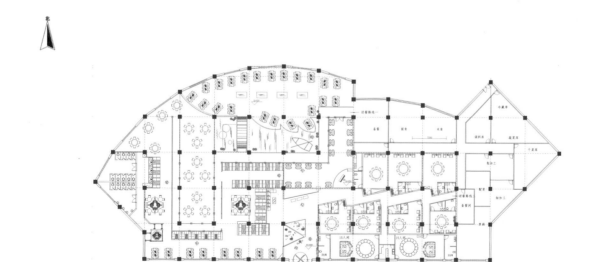

入口处一分为二，左面散座，右面包房。等候区采用自然光，卡座为人工光源，两种光源的交替让空间丰富自然，仿佛置身于真正的古老的巷子里。餐厅北部设置地台，与水景衔接处处理为小舟的截面，产生泛舟湖面的错觉。

顶棚图

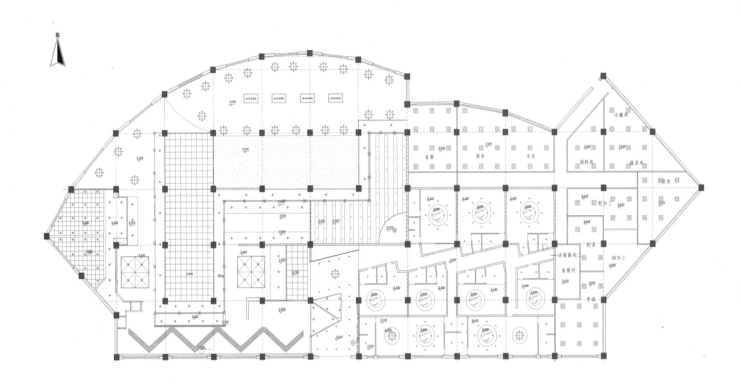

顶棚造型与地面呼应，最有特色的应该是水景区的顶棚设置为纤维流苏状灯具，淡淡的透明色泛着水面的色彩，如同真实世界的雨帘一样，充满幻想。

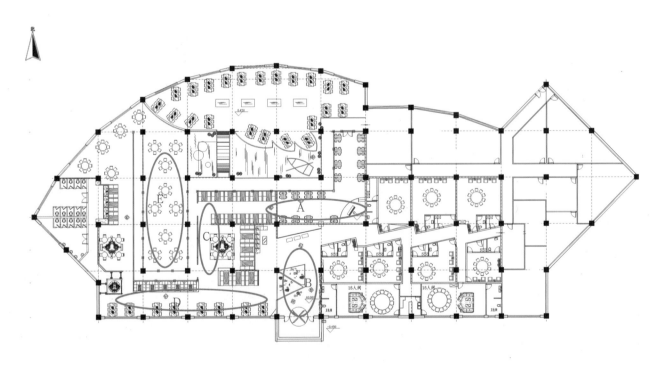

总平面图

功能分析

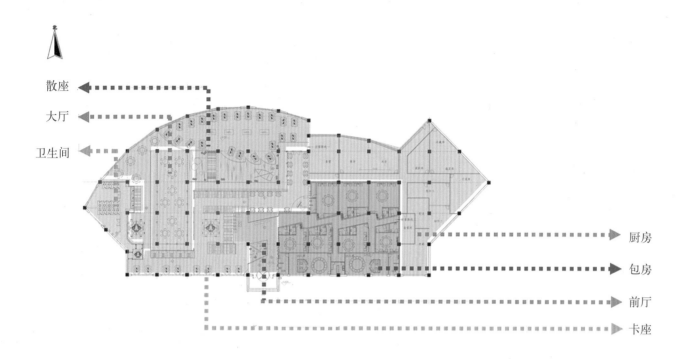

散座

大厅

卫生间

厨房

包房

前厅

卡座

交通分析

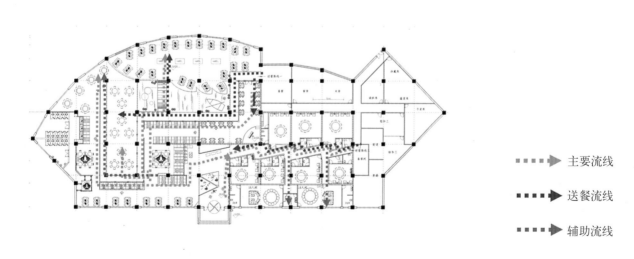

主要流线

送餐流线

辅助流线

D-1 效果图

Design Sketch

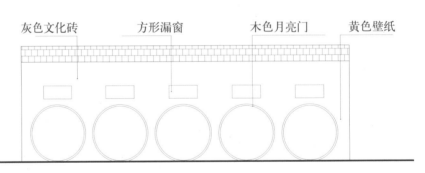

灰色文化砖　　　方形漏窗　　　木色月亮门　　　黄色壁纸

E 立面图 1:30

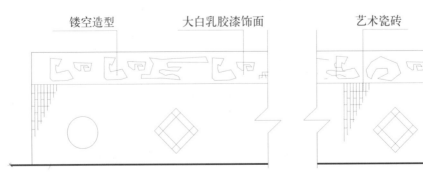

镂空造型　　　大白乳胶漆饰面　　　艺术瓷砖　　　漏窗

F 立面图 1:30

Elevation

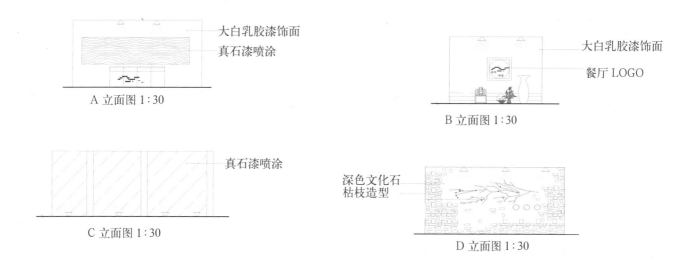

大白乳胶漆饰面
真石漆喷涂

A 立面图 1:30

大白乳胶漆饰面
餐厅 LOGO

B 立面图 1:30

真石漆喷涂

C 立面图 1:30

深色文化石
枯枝造型

D 立面图 1:30

Design Sketch

波浪纹理的背景是雨水打落到地下的形状，枯枝与文化石的的结合，尤其是加上打在地上的深浅交错的影子，营造出非常有趣味的空间。

B 效果图

E-1 效果图

E-2 效果图

D-2 效果图

整体色调采用暗色，仅仅在就餐区域保证足够的照度，营造浪漫的环境。红色的灯罩似乎就是雨巷中那美丽姑娘撑着的伞的化身。

D-3 效果图

A 效果图

灰瓦 ——
透光玻璃 ——
玻璃内置竹子 ——

G 立面图 1:30

膨胀螺栓   楼板

龙骨吊架
主龙骨   次龙骨

纸面石膏板
石膏装饰线

节点图 1:30

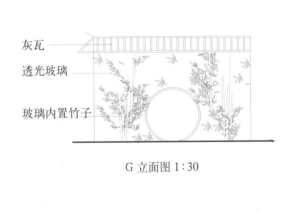

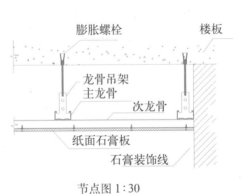

黑色亚克力线条

大白乳胶漆饰面

H 立面图 1:30

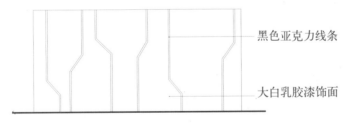

光影后面的竹子被打落在前面的玻璃上，斜影交错。黑色的亚克力的线条在白色的乳胶漆上曲曲折折，意指雨水低落形成的线条，很有节奏感。

C 效果图

教师感言

姑苏雨巷主题餐厅设计，立足在城市中打造一片驻足、停留的轻松的就餐空间。餐厅内部空间设计运用了幽暗的主题颜色，整体氛围温暖浪漫，自然舒适。灰色的砖、充满肌理的墙面和绿色的植物装点都为整个空间营造了一份平静休闲的和谐的环境。主题是"雨巷"的概念，通过古朴的木饰板、白墙灰瓦、石桥、竹子等元素来表现，这些素材的结合，使得那条窄窄的雨巷中的感受喷涌而出，进而产生更多私密感和安全感来就餐，这正是"雨巷"主题餐厅想要给就餐者的感受。

三等奖

内蒙古新神农园林有限公司综合楼环境设计

学　　生：董丹丹
责任导师：韩军　任庆国
学　　校：内蒙古科技大学

大堂效果图

基地概况

青山路
邻圃道
兵工路

基地位于内蒙古自治区包头市青山区文化路北端,总建筑面积约为10313平方米,东临居民区,北临居民区、教育区,西临锦林公园。

现场调研

建筑层数 五层　　建筑结构混凝土框架结构　　　标准层高4.5米

公司介绍

内蒙古新神农园林有限公司(原包头市新神农园艺有限责任公司),于2001年6月由包头市绿业园艺场改制重组成立,2009年12月经国家建设部审核批准为:城市园林绿化企业一级资质的专业园林绿化公司,公司主营园林绿化工程施工、绿地管养、花卉/苗木销售、技术咨询、技术培训和信息服务等业务。

概念阐述

在繁杂高压的现代生活中,对办公空间的设计不仅要考虑到以简洁高效明快为设计原则,为了缓解紧张的工作节奏给我们带来的压力,在设计的同时也要适当地创造轻松自然的工作氛围。我将公司属性作为切入点,中国古典园林的设计初衷就是要再造一个"宛若天成"的自然,使人们获得精神享受和审美愉悦,以得到身心的愉快和休息。我将中国古典园林的设计手法如借景、框景、对景用在办公空间的设计当中,来创造一个有园林情趣的办公空间。由此我的设计主题为"观景"。同时我将木格栅作为主要设计元素,打造成一个建筑结构外观和内部元素相融合的流动空间。

功能分区图

一层功能分区

荣誉室
大堂
奇石展厅
休息区
接待区
交通空间
监控室
公共卫生间

二层功能分区

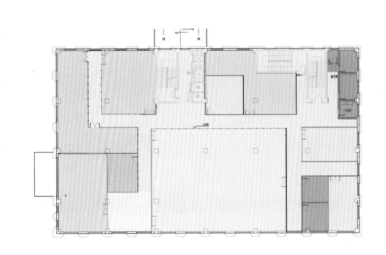

工程部
交通空间
设计一所
接待室
休息室
会议室
档案室
文印室
公共卫生间

三层功能分区

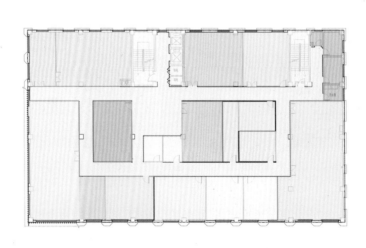

董事长办公室
总经理办公室
交通空间
副总经理办公室
财务办公室
出纳办公室
接待办公室
会议室
公共卫生间

餐厅

交通空间

健身区

娱乐休闲区

影音室

休息区

公共卫生间

四层功能分区

锦林公园

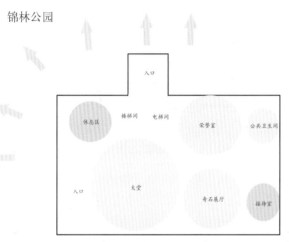

外景借入

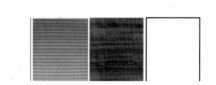

白色大理石　生态木　亚光地板砖 白色乳胶漆

在材质方面，整体色调以木色为主，主要运用生态木搭配白色大理石。

休息区效果图

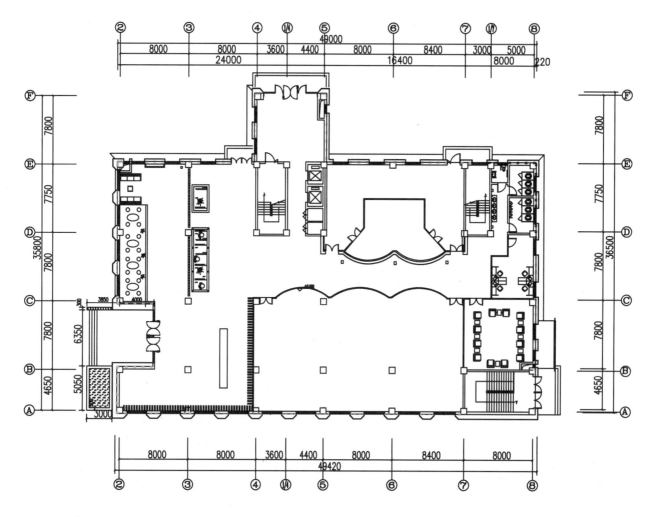

一层平面图

走廊效果图

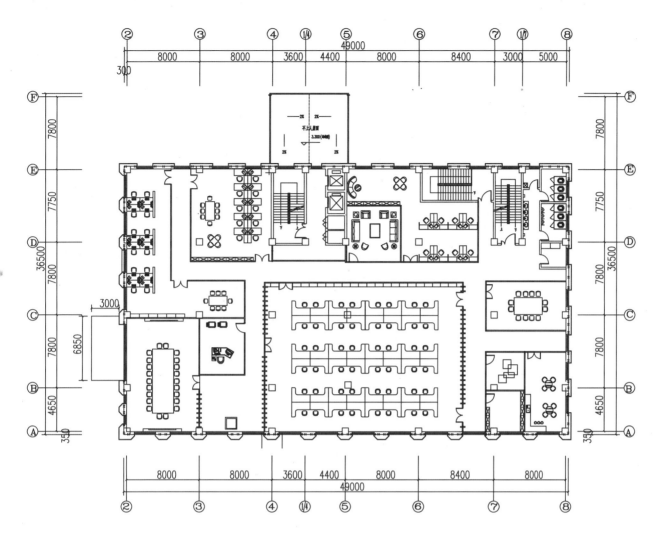

二层平面图

工程部效果图

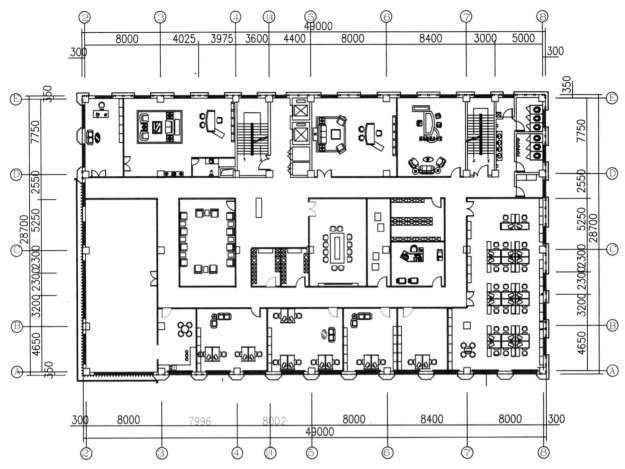

三层平面图

会议室效果图

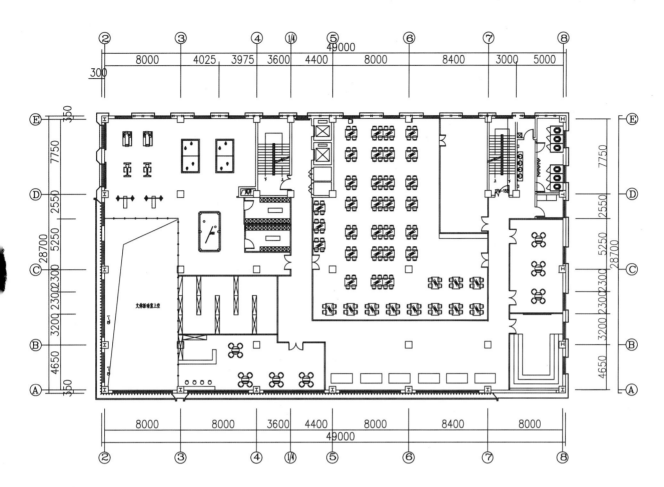

四层平面图

餐厅效果图

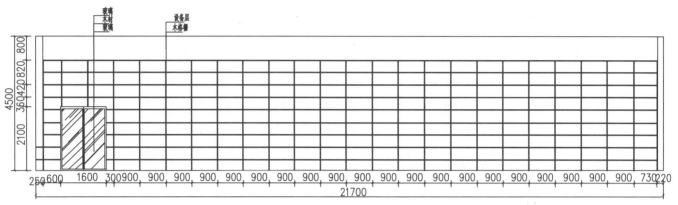

玻璃
木材
玻璃

设备层
木格栅

4500 800 820 420 360 2100

250 600 1600 300 900 900 900 900 900 900 900 900 900 900 900 900 900 900 900 900 900 900 730 220

21700

工程部立面图 1

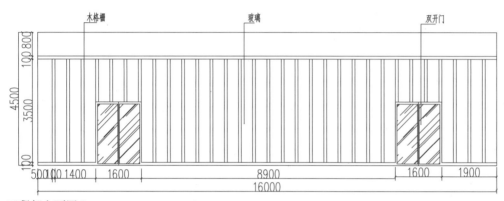

木格栅　　　　　　玻璃　　　　　　双开门

4500 3500 800 100 100

500 100 1400 1600 8900 1600 1900

16000

工程部立面图 2

走廊效果图　　　　　　　　　　　　休闲区效果图

休闲区效果图

办公室效果图

后 记
——坚持思考

　　盛夏坐在工作室靠窗的椅子，望着北京少有出现的蓝天，放松之中我感到有些沉重，虽然课题成果排版编辑工作圆满结束了，可头脑里思考的还是实验教学的下一步。突然，电话铃声把我从思考中叫醒，是中国建筑工业出版社的杨晓。王老师您什么时候交出后记呀？我回答后天下午，放下电话我思考着如何开写。片刻脑子中闪现出了"坚持思考"。时下国内教师在教学中常说"过程比成果更重要"，可我是个既要开始、又要过程、还要成果的人。六载的实验教学验证了"开始、过程、成果"。

　　对于教师来讲，"教与学"都是职场的乐趣，教别人的同时自己也是学习过程。甲午年课题组导师迎来的乐趣是"中国建筑装饰卓越人才计划奖暨'四校四导师'环境设计毕业设计实验教学课题"。回顾刚刚过去一幕幕感人的教学情景，画面一一呈现眼前。答辩的场面，师生们相互鼓励，时间常被遗忘，因为有目标，所以共同为进步而感到自豪。

　　在当下信息时代，院校都有自己的教学方式和方法。由于多种复杂的原因，国内院校都存在师资框架结构不足的实际问题，可赞的是都在克服困难坚持办学。培养出的学生默然放飞到社会，因为教育法中没有规定召回，所以继续不断地放飞。高等院校评估计划实行以来，被评估院校汇报时，都在大谈办学特色，目的是要绿灯。究竟什么是特色？在全国高等院校评估已转了两圈了，哪一所院校汇报时不是在评估专家面前，夸张其成果和拼命强调办学特色，要话语权，高校评估也许只是规范性的检测，停留在制度太极前玩场面。而专家们都适应技巧的更新，在各种复杂的情况中工作，被评估院校清楚结局都会以人文关怀的方式放行，相互间表现出超凡的集体容忍度，用特色，通关。

　　"四校四导师"环境设计毕业设计实验教学课题就是在上述背景下，以教授治学的理念走上了实践之路。6年来实验教学理念证明，经过实践的尝试，从打破院校间壁垒开始研究，是贯彻落实教育部培养卓越人才的落地计划，达到了教授治学理念的预想成果。改变单一知识型人才培养教学模式，是迈向知识与实践并存型人才培养战略的有序升级，是集中高等院校环境设计学科带头人、名师、知名设计企业高管的又一次盛会，探讨无障碍教学，适应新形势下中国设计教育，建立校企共赢平台，培养高质量合格人才。实验教学配置不是喊出来的，大学"既要有大楼、又要有大师"，更要有支撑大师的绿叶，勤奋努力促成了开放而理性的思维。

　　将12所院校的同学都当成是自己的学生，是本次课题指导教师组的口号。在进行指导和听取汇报的过程中，有时导师们的严厉忘记了他们还是孩子，严厉与爱共同点燃了使命。"2014中国建筑装饰卓越人才计划奖暨'四校四导师'环境设计毕业设计实验教学课题"，在清华大学开题，经过中期答辩，结题答辩，颁奖典礼在中央美术学院举行。每次答辩和指导时间都是定在周六和周日，全体导师把节假日都给了学生，谱写出许多感人的故事，彼此为拥有这群优秀人才而自豪。相信学生的感恩和回报社会，将是今后全体导师工作的动力源。因为热爱教育岗位，所以坚守信念、坚持思考。

王铁　教授

2014年8月26日甲午仲夏于中央美术学院